Eficiencia energética en las instalaciones de calefacción y ACS en los edificios

Francisco José Entrena González

ic editorial

Eficiencia energética en las instalaciones de calefacción y ACS en los edificios
© Francisco José Entrena González

1ª Edición

© IC Editorial, 2025

Editado por: IC Editorial
c/ Cueva de Viera, 2, Local 3
Centro Negocios CADI
29200 Antequera (Málaga)
Teléfono: 952 70 60 04
Fax: 952 84 55 03
Correo electrónico: iceditorial@iceditorial.com
Internet: www.iceditorial.com

ISBN: 978-84-1184-802-2
Depósito Legal: MA-723-2025

Impresión: PODiPrint
Impreso en Andalucía – España

Nota de la editorial: IC Editorial pertenece a Innovación y Cualificación S. L.

Presentación del manual

El **Certificado de Profesionalidad** es el instrumento de acreditación, en el ámbito de la Administración laboral, de las cualificaciones profesionales del Catálogo Nacional de Cualificaciones Profesionales adquiridas a través de procesos formativos o del proceso de reconocimiento de la experiencia laboral y de vías no formales de formación.

El elemento mínimo acreditable es la **Unidad de Competencia.** La suma de las acreditaciones de las unidades de competencia conforma la acreditación de la competencia general.

Una **Unidad de Competencia** se define como una agrupación de tareas productivas específica que realiza el profesional. Las diferentes unidades de competencia de un certificado de profesionalidad conforman la **Competencia General,** definiendo el conjunto de conocimientos y capacidades que permiten el ejercicio de una actividad profesional determinada.

Cada **Unidad de Competencia** lleva asociado un **Módulo Formativo,** donde se describe la formación necesaria para adquirir esa **Unidad de Competencia,** pudiendo dividirse en **Unidades Formativas.**

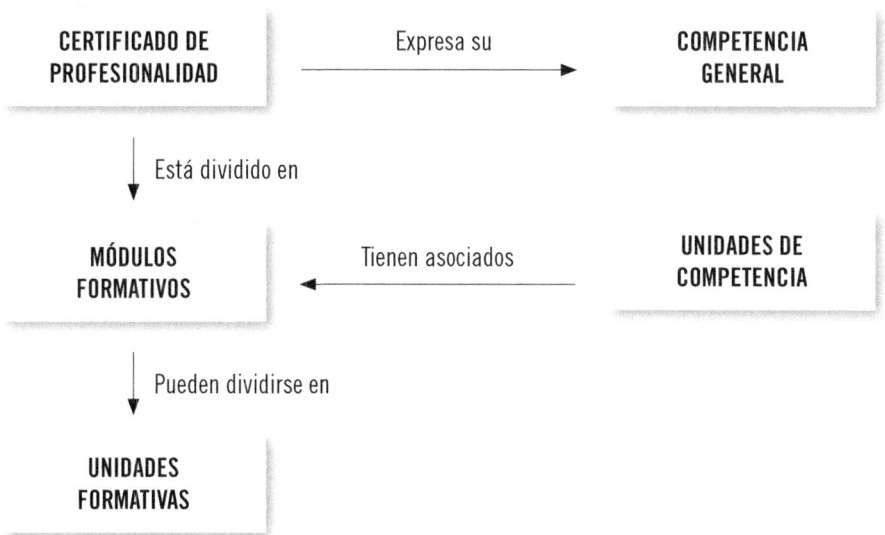

El presente manual desarrolla la Unidad Formativa **UF0565: Eficiencia energética en las instalaciones de calefacción y ACS en los edificios,**

perteneciente al Módulo Formativo **MF1194_3: Evaluación de la eficiencia energética de las instalaciones en edificios,**

asociado a la unidad de competencia **UC1194_3: Evaluar la eficiencia energética de las instalaciones de edificios,**

del Certificado de Profesionalidad **Eficiencia energética de edificios.**

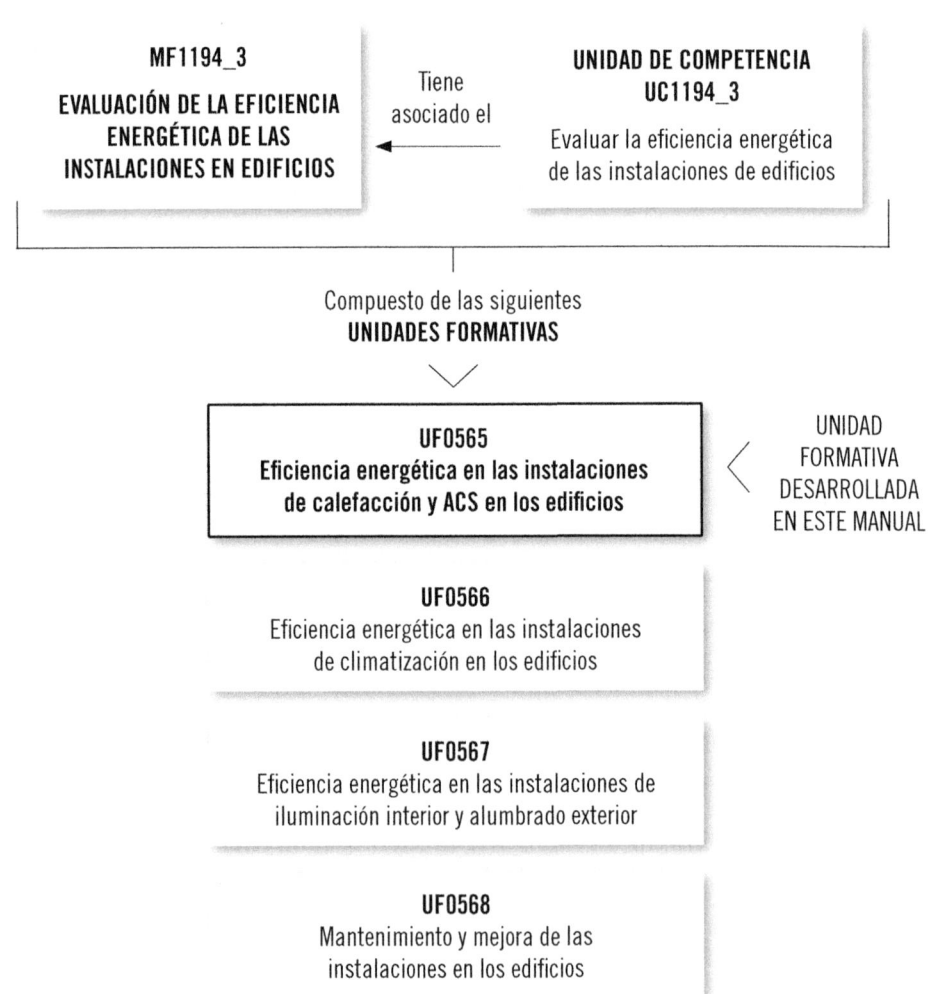

MF1194_3
EVALUACIÓN DE LA EFICIENCIA ENERGÉTICA DE LAS INSTALACIONES EN EDIFICIOS

Tiene asociado el

UNIDAD DE COMPETENCIA UC1194_3
Evaluar la eficiencia energética de las instalaciones de edificios

Compuesto de las siguientes
UNIDADES FORMATIVAS

UF0565
Eficiencia energética en las instalaciones de calefacción y ACS en los edificios

UNIDAD FORMATIVA DESARROLLADA EN ESTE MANUAL

UF0566
Eficiencia energética en las instalaciones de climatización en los edificios

UF0567
Eficiencia energética en las instalaciones de iluminación interior y alumbrado exterior

UF0568
Mantenimiento y mejora de las instalaciones en los edificios

FICHA DE CERTIFICADO DE PROFESIONALIDAD

(ENAC0108) EFICIENCIA ENERGÉTICA DE EDIFICIOS (R. D. 643/2011, 9 de mayo)

COMPETENCIA GENERAL: Gestionar el uso eficiente de la energía, evaluando la eficiencia de las instalaciones de energía y agua en edificios, colaborando en el proceso de certificación energética de edificios, determinando la viabilidad de implantación de instalaciones solares, promocionando el uso eficiente de la energía y realizando propuestas de mejora, con la calidad exigida, cumpliendo la reglamentación vigente y en condiciones de seguridad.

Cualificación profesional de referencia		Unidades de competencia	Ocupaciones o puestos de trabajo relacionados:
ENA358_3 EFICIENCIA ENERGÉTICA DE EDIFICIOS (R. D. 1698/2007, de 14 de diciembre de 2007)	UC1194_3	Evaluar la eficiencia energética de las instalaciones de edificios.	• Gestor energético • Promotor de programas de eficiencia energética • Ayudante de procesos de certificación energética de edificios • Técnico de eficiencia energética de edificios
	UC1195_3	Colaborar en el proceso de certificación energética de edificios.	
	UC1196_3	Gestionar el uso eficiente del agua en edificación.	
	UC1197_3	Promover el uso eficiente de la energía.	
	UC0842_3	Determinar la viabilidad de proyectos de instalaciones solares.	

Correspondencia con el Catálogo Modular de Formación Profesional

Módulos certificado	Unidades formativas	Horas
MF1194_3: Evaluación de la eficiencia energética de las instalaciones en edificios	UF0565: Eficiencia energética en las instalaciones de calefacción y ACS en los edificios	90
	UF0566: Eficiencia energética en las instalaciones de climatización en los edificios	90
	UF0567: Eficiencia energética en las instalaciones de iluminación interior y alumbrado exterior	60
	UF0568: Mantenimiento y mejora de las instalaciones en los edificios	60
	UF0569: Edificación y eficiencia energética en los edificios	90
MF1195_3: Certificación energética de edificios	UF0570: Calificación energética de los edificios	60
	UF0571: Programas informáticos en eficiencia energética en edificios	90
MF1196_3: Eficiencia en el uso del agua en edificios	UF0572: Instalaciones eficientes de suministro de agua y saneamiento en edificios	60
	UF0573: Mantenimiento eficiente de las instalaciones de suministro de agua y saneamiento en edificios	40
MF1197_3: Promoción del uso eficiente de la energía en edificios		40
MF0842_3: Estudios de viabilidad de instalaciones solares	UF0212: Determinación del potencial solar	40
	UF0213: Necesidades energéticas y propuestas de instalaciones solares	80
MP0122 Módulo de prácticas profesionales no laborales		120

Índice

Capítulo 1

Termodinámica y transmisión de calor

Contenido

1. Introducción

La termodinámica es una rama de la física que trata el estudio de las transformaciones energéticas y las relaciones existentes entre las diferentes propiedades físicas de las sustancias que sufren dichas transformaciones. El origen de esta ciencia se remonta al uso del calor para la creación de trabajo, mediante las llamadas máquinas térmicas.

Aunque la termodinámica es una ciencia que puede entenderse sin un conocimiento muy profundo de física, a lo largo del capítulo se expondrán algunos conceptos básicos tales como unidades, sistemas de conversión, escalas termométricas, etc.

Para establecer la eficiencia energética de un sistema, es necesario el estudio de la termodinámica desde un punto de vista práctico, que nos permita relacionar conceptos teóricos aplicados a una instalación. De la aplicación de los principios termodinámicos, debemos ser capaces de calcular, a través de las mediciones obtenidas de una instalación existente, la eficiencia de la misma, además de evaluar la posibilidad de la mejora en el rendimiento de los procesos y la disminución de las pérdidas.

2. Conceptos básicos de termodinámica

Para estudiar un proceso termodinámico de una instalación, deben establecerse los límites del sistema. El **sistema termodinámico** es la parte del espacio que se encuentra separado del resto del entorno mediante un límite definido, aunque pueda permitir el intercambio de energía y materia.

 Ejemplo

Una tubería es un ejemplo de sistema termodinámico, ya que en una sección de esta, las paredes de la tubería aíslan el interior respecto del entorno; sin embargo, estas pueden intercambiar materia (agua, gas, aceite…) y energía (calor) con el entorno.

El sistema termodinámico se encuentra aislado del entorno mediante unos límites definidos. Los límites pueden permitir el intercambio de materia y energía.

Se pueden distinguir los siguientes tipos de sistemas:

- **Cerrado:** donde la masa o materia es constante y solo se intercambia energía.
- **Abierto:** donde, además de energía, también se intercambia materia con el entorno.
- **Aislado:** entre el sistema y el entorno no se produce intercambio de materia ni energía.

Sistema termodinámico

Entorno — Sistema

Actividades

1. Busque en su entorno tres ejemplos distintos de sistemas, diferencie cuáles son sus límites e identifique de forma razonada de qué clase de sistema se trata.

2.1. Unidades y conversión

El estado de un sistema se determina por el conocimiento de una serie de propiedades expresadas en unidades. Estas propiedades pueden relacionarse entre ellas, por lo que es necesario establecer sistemas de conversión.

 Definición

Estado de un sistema
Es la situación termodinámica en la que se encuentra dicho sistema en el momento de estudio.

Mediante las propiedades, podemos calcular los cambios de energía que se producen en un sistema. Se pueden encontrar dos clases de propiedades:

- Las que dependen de la masa: **propiedades extensivas.**
- Las que no dependen de la masa del sistema: **propiedades intensivas.**

Presión

La presión es una propiedad intensiva de un sistema termodinámico, cuya unidad en el **S**istema **I**nternacional (SI) se expresa mediante Pascales **(Pa).** Presión es el resultado de aplicar una determinada fuerza (**N**ewton), en una superficie (m²).

$$P = \frac{F(N)}{A(m^2)} = Pa(S.I.)$$

Donde:

P = Presión (Pa).
F = Es la fuerza aplicada para ejercer dicha presión (N).
A = Es la superficie de aplicación de la presión (m²).

Aunque siempre se deben expresar las unidades en SI, existen situaciones en las que resulta más cómodo convertirlas a otras unidades equivalentes.

	bar	N/mm²	kp/m²
1 Pa (N/m²)	10^{-5}	10^{-6}	0,102

Por otra parte, una atmósfera (atm) es igual a:

$$1 \ atm = 101.325 \ Pa = 760 \ mmHg$$

Donde **mmHg** es la presión medida en milímetros de Mercurio.

Ejemplo

Vamos a estudiar dos métodos para convertir unidades:

▌ ¿Cuántos Pascales son $350 \cdot 10^{-5}$ N/mm²?

1. Partiendo de $1 \ Pa = 10^{-6}$ N/mm²
   Multiplicamos en cruz:
   10^{-6} N/mm² = 1 Pa
   $350 \cdot 10^{-5}$ N/mm² = X Pa

$$X = \frac{350 \cdot 10^{-5} * 1}{1 \cdot 10^{-6}} = 3500 \ Pa$$

2. Partiendo de $1 \ Pa = 1$ N/m² y de $1 \ m^2 = 1.000.000 \ mm^2 = 1 \cdot 10^6 \ mm^2$
   Convertimos los N/mm² en N/m²
   $350 \cdot 10^{-5}$ N/mm² = $350 \cdot 10^{-5}$ N * 10^6 mm²

$$350 \cdot 10^{-5} N / mm^2 = \frac{350 \cdot 10^{-5} N * 10^6 mm^2}{mm^2 * m^2}$$

Continúa en página siguiente >>

<< Viene de página anterior

Donde los mm² se anulan y nos queda:

3500 N/m² = 3500 Pa

I ¿Cuántos Pascales son 0,052 mmHg?

Partiendo de 760 mmHg = 101.325 Pa
0,052 mmHg = X Pa

$$X = \frac{0,052 * 101.325}{760} = 6,93 \ Pa$$

Temperatura

La temperatura es un parámetro que nos permite cuantificar la variación de calor que sufre un determinado sistema. Al igual que la presión, se trata de una propiedad intensiva y sus unidades se expresan en grados Kelvin (°K).

Densidad

La densidad es una propiedad termodinámica de carácter intensiva. La densidad es la cantidad de masa existente en un sistema dentro del volumen determinado por el mismo, sus unidades en el SI son Kg/m³.

$$p = \frac{m}{V}$$

Volumen

Se entiende por **volumen** el espacio encerrado dentro de un sistema termodinámico. Al contrario que las magnitudes anteriormente estudiadas, el volumen es una propiedad extensiva, es decir, depende directamente de la masa existente en el sistema. En el SI el volumen se expresa en m^3.

 **Sabía que...**

La ecuación del gas ideal $P \cdot V = n \cdot R \cdot T$ relaciona magnitudes intensivas y extensivas de un sistema termodinámico.

Energía interna, entalpía y entropía

Además de las propiedades anteriormente estudiadas, la energía interna de un sistema, su entalpía y su entropía son también parámetros característicos que definen un determinado estado del sistema.

2.2. Concepto de energía y calor

La energía es el motor que produce el cambio en cualquier sistema, además la energía presenta sus variaciones del sistema en distintas formas, por ejemplo: energía mecánica, energía calorífica, energía química, energía eléctrica, etc.

Caldera de un tren de vapor

La unidad de la energía en el SI es el Julio (J); aunque también podemos encontrar la energía expresada en calorías (cal) o kilocalorías (kcal), siendo su equivalencia: 1 cal = 4,18 J.

Energía en un sistema termodinámico

Los sistemas termodinámicos se basan en el intercambio de energía, tales como energía mecánica, energía química, calor, etc. Dentro de un mismo sistema termodinámico se pueden encontrar los siguientes tipos:

■ **Energía mecánica.** La energía mecánica se descompone en energía cinética (Ec) y energía potencial (Ep). La energía cinética se genera cuando un sistema está en movimiento o produce una variación del mismo.

$$E_c = \frac{1}{2}mv^2$$

La energía potencial puede ser gravitatoria, eléctrica o magnética. En el caso de los sistemas termodinámicos, esta suele ser gravitatoria.

$$Ep = m \cdot g \cdot h$$

Donde:

m = la masa del sistema medida en kilogramos (kg).

g = es la gravedad (en el caso de la tierra, g = 9,8 m/s2).

h = es la diferencia de altura del sistema estudiado, medida en metros (m).

- **Energía interna.** Es la energía que presenta toda masa contenida dentro de un sistema debido al movimiento de sus átomos y moléculas.

Por ejemplo, si se calienta un recipiente que contiene agua, las moléculas de esta comenzarán a moverse, produciéndose un mayor rozamiento entre las moléculas e incrementando, por tanto, su energía interna.

Variación de la energía interna de un líquido

Para que se produzcan cambios energéticos en un sistema, este debe interactuar con el entorno. Estas interacciones se pueden producir de tres formas distintas:

1. **Intercambio de masa.** Se realiza cuando un sistema y un entorno intercambian masa (solido, líquido y/o gas).
2. **Intercambio mecánico.** Se produce cuando la aplicación de fuerzas genera desplazamientos o movimientos entre el sistema y el entorno. La interacción mecánica se conoce por "trabajo" (W), cuyas unidades en SI se expresan en J y que también equivalen a $J = N \cdot m$.

Trabajo (W) = F (Fuerza) x s (Desplazamiento)

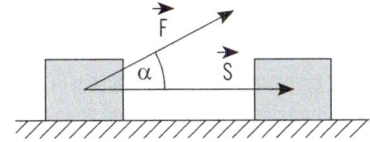

3. **Intercambio térmico.** El calor es el intercambio térmico o diferencia de temperatura existente entre el sistema y el entorno.

Calor

El **calor (Q)** es energía que se desplaza de un sistema a otro debido a la diferencia de temperatura entre ambos. Cuando dos sistemas están en contacto el calor de ambos tiende a igualarse, dando como resultado un equilibrio térmico. El calor es una energía y por tanto sus unidades son el Julio.

Sabía que...

¿Es correcto decir en verano la expresión "tengo calor"?

Según la termodinámica, el calor es energía en constante movimiento, transfiriéndose de un sistema o cuerpo a otro. Por lo tanto, un objeto o sistema no posee calor, sino una temperatura diferente que puede ser comparada con otro sistema, como la temperatura ambiente.

Actividades

2. Llene un vaso de agua directamente del grifo hasta la mitad y mida su temperatura con un termómetro. A continuación, coloque el vaso en la nevera y, transcurrido un tiempo, vuelva a realizar la medición. ¿A qué se debe el cambio en la lectura de la medida? ¿Cuál es el entorno y cuál el sistema? ¿Será la misma temperatura que midió al principio si llena el resto del vaso con agua del grifo nuevamente?

2.3. Escalas termométricas

Como ya se ha estudiado, la temperatura debe expresarse en el SI en grados Kelvin; sin embargo, en la actualidad existen varias escalas termométricas que, dada su importancia en diferentes campos de la ciencia, siguen manteniéndose como válidas. Es por ello indispensable conocer las distintas escalas y tener la capacidad de convertir los valores a cada una de ellas.

La ciencia que se encarga del estudio de la variación térmica es la termometría, y el instrumento empleado para ello es el termómetro.

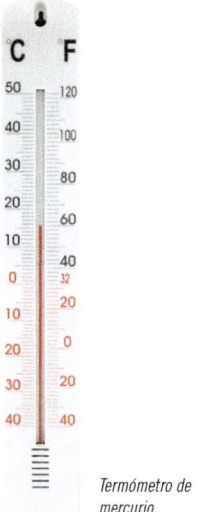

Termómetro de mercurio

La existencia de las distintas escalas gráficas o termómetros se debe a que cada uno de ellos parte desde distintas ideas de sus creadores y, por tanto, desde distintos puntos de medición. La transformación de valores entre las distintas escalas es posible porque todos guardan una misma relación, la medición de la variación térmica de un cuerpo respecto de otro, lo que significa que si tratamos de medir la temperatura de un cuerpo, la variación térmica que se produzca entre el entorno y el cuerpo o sistema será siempre la misma, independientemente de la escala empleada.

La construcción de un termómetro es posible gracias al Principio Cero de la Termodinámica, enunciado por Ralph H. Fowler, quien expuso que "si un sistema A está en equilibrio con otro sistema B y este a su vez está en equilibrio con un sistema C, entonces los sistemas A, B y C están en equilibrio térmico entre sí".

*Proceso de
medición de
temperatura
mediante un
termómetro*

Ejemplo

Supongamos que tenemos un termómetro, que es un sistema y queremos medir agua en un vaso que procede de la nevera, que en este caso sería otro sistema "B". Si se introduce el termómetro en el vaso, ambos sistemas se equilibrarían rápido y al ser la masa del termómetro menor que la del vaso obtendría rápidamente el valor de la temperatura sin producir alteración. No obstante, a medida que vaya pasando el tiempo, la temperatura del agua irá equilibrándose con la del entorno o sistema "C", y finalmente tanto el agua como el termómetro y el entorno tendrán la misma temperatura.

Además del principio cero de la termodinámica, un termómetro debe presentar las siguientes características:

- Una masa muy pequeña con respecto al sistema a medir, de esta forma se evita la alteración de la medida por culpa del propio termómetro.
- Facilidad de variación, para obtener unos valores lo más rápido posible.
- Capacidad de dilatación termométrica del material empleado como medidor.

Tipos de escalas termométricas

Aunque existe una gran variedad de escalas termométricas, las más empleadas son las siguientes.

Escala Celsius o centígrada

Recibe el nombre de escala Celsius en honor a su creador, Anders Celsius, quien empleó como valor cero (0 ºC) el punto de fusión del agua a 1 atm de presión, es decir, la temperatura a la cual el agua pasa de estado sólido a líquido bajo una presión de 1 atm, y como valor 100 ºC el punto de ebullición del agua.

Escala Fahrenheit

La escala Fahrenheit (ºF) está muy extendida en los países anglosajones por su utilización en meteorología. Esta escala tiene como punto de partida (0 ºF) la mezcla de sal de amonio con hielo, y como referencia superior el punto de ebullición del agua fijado a 212 ºF.

La conversión de los valores en la escala Fahrenheit al Sistema Internacional requiere de la aplicación de una proporcionalidad directa.

Escala Kelvin

La escala Kelvin (K) o escala absoluta de temperaturas se adoptó para el Sistema Internacional debido a que se establece como cero absoluto el punto térmico en el que desaparece el movimiento interno de las moléculas, siendo este un punto de referencia independiente a valores de presión.

Importante

En el Sistema Internacional no existen temperaturas bajo cero, ya que 0 ºK es el cero absoluto y, por tanto, un límite físico.

Escala Rankine

La escala de temperaturas Rankine (R) mide en grados Fahrenheit sobre el cero absoluto, consiguiendo de esta manera una escala en grados Fahrenheit con valores siempre positivos.

Esta escala se usa en termodinámica para ciclos térmicos, sobre todo en Estados Unidos, aunque, debido a los fenómenos de internacionalización de las medidas, cada vez más está quedando en desuso en favor del Sistema Internacional.

Actividades

3. Además de los termómetros de mercurio, existe una gran cantidad de aparatos para la medida de temperaturas. Realice una investigación sobre dichos aparatos y recoja en una tabla las ventajas e inconvenientes que presenta cada uno.

Conversión de medidas entre las diferentes escalas termométricas

Debido a la existencia de varias escalas térmicas y su utilización en diferentes campos de la ciencia, así como en la vida cotidiana, se hace necesario conocer el proceso de conversión de la temperatura en las diferentes escalas termométricas.

Tabla de equivalencia entre escalas térmicas

Escala	Unid.	Equivalencia	Ecuación S.I.	Ecuación
S.I.	K	-	-	$t(°C) = T(K) - 273$
Celsius	°C	$0 °C = 273 K$	$T(K) = t(°C) + 273$	-
Fahrenheit	°F	$0 °F = 255,37 K$	$T(K) = (t(°F) + 459,67)/1,8$	$T(°C) = (t(°F) - 32)/1,8$
Rankine	R	$0R = 0K$	$T(K) = (5/9)*t(R)$	$T(°C) = (5/9)*(t(R) - 491,67)$

Aplicación práctica

La empresa EcoClima S. L., donde usted trabaja, se dedica al diseño de instalaciones de calefacción/refrigeración, adaptación de calderas, etc. Esta semana se ha firmado el contrato para la ejecución de una instalación de calefacción de un hotel, y los compañeros de diseño de instalaciones le han pedido, como encargado del material, que seleccione una caldera que trabaje dentro de los parámetros que le han aportado. Del catálogo de calderas que dispone, usted ha eliminado aquellas que no cumplían con las especificaciones de potencia y como resultado han quedado las siguientes tres opciones.

Temperatura de funcionamiento		
Rango	**Mín.**	**Máx.**
Lomoostic	45 °F	55 °F
Ecomatic	335 K	355 K
BioClima	590 R	614 R

Seleccione aquella que trabaje dentro del rango de temperaturas comprendido entre 50 °C y 70 °C.

SOLUCIÓN

Para saber si cumplen con el rango de temperaturas, es necesario convertir los valores de la tabla a °C.

Continúa en página siguiente >>

<< Viene de página anterior

1. La primera caldera presenta la temperatura en grados Fahrenheit, por lo que será necesario aplicar la ecuación:

$$T \, (°C) = (t \, (°F) - 32) \, / \, 1{,}8$$

Sustituyendo, se obtiene:

$$T \, (°C) = (45 \, °F - 32) \, / \, 1{,}8 = 23{,}5 \, °C$$

Valor que está fuera del rango, por tanto queda descartada.

2. La segunda caldera presenta la temperatura en el Sistema Internacional, cuya ecuación es:

$$T \, (°C) = t \, (K) - 273$$

Sustituyendo, se obtiene:

$$T \, (°C) = 335 \, K - 273 = 62 \, °C$$

El valor mínimo se encuentra dentro del rango, ahora se va a calcular el valor máximo:

$$T \, (°C) = 335 \, K - 273 = 82 \, °C$$

Continúa en página siguiente >>

<< Viene de página anterior

Al encontrarse fuera del rango, queda descartada también.

3. A continuación, se calcula el rango de temperatura de funcionamiento para la caldera BioClima. En este caso, los valores están en grados Rankine, cuya ecuación es:

$$T\ (^{\circ}C) = (5\ /\ 9) * (t\ (R) - 491{,}67)$$

Sustituyendo, queda:

$$\text{Mín.: } T\ (^{\circ}C) = (5\ /\ 9) * (590\ R - 491{,}67) = 54{,}62\ ^{\circ}C$$
$$\text{Máx.: } T\ (^{\circ}C) = (5\ /\ 9) * (614\ R - 491{,}67) = 67{,}96\ ^{\circ}C$$

Como se puede comprobar, se encuentra dentro del rango de funcionamiento. Por tanto, la caldera que debemos elegir es la caldera BioClima.

3. Transmisión de calor

La experiencia nos dice que el cuerpo que presenta más temperatura le cede calor al cuerpo o sistema de menor temperatura, hasta quedar en equilibrio. A continuación, se abordará el proceso de transferencia de calor y los mecanismos que hacen esto posible.

3.1. Mecanismos de transmisión de calor

La transmisión de calor entre dos sistemas se puede realizar mediante los mecanismos de **conducción, radiación** y **convección.** Estos mecanismos se distinguen entre ellos por la manera física de propagar el calor entre los diferentes sistemas. Cabe decir que durante la propagación de calor entre dos o varios sistemas puede producirse la transferencia de calor entre varios mecanismos de forma simultánea.

Mecanismos de transmisión de calor

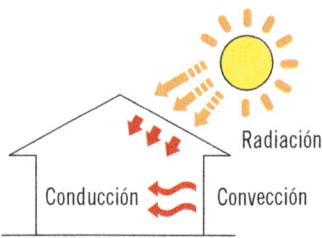

Radiación

El mecanismo de radiación permite transferir el calor de un cuerpo a otro, sin la necesidad de existir un contacto directo entre ambos. Ello es posible gracias al transporte de la energía mediante ondas electromagnéticas o cuantos.

El fenómeno de transmisión de calor mediante radiación se puede observar en el Sol, el cual se encuentra a millones de kilómetros de distancia de la Tierra y separados por el vacío.

El empleo de la radiación como medio de transferencia de energía está muy presente en nuestra vida cotidiana.

 **Actividades**

4. Además del uso de ondas electromagnéticas para calentar un alimento en el microon-das, ¿con qué otros fines se emplea la transmisión de energía mediante radiación en la actualidad? Recoja su investigación en una tabla.

La ecuación que permite cuantificar la cantidad de calor emitido por ra-diación en función del tiempo viene recogida en la Ley de Stefan-Boltzmann, mediante la cual se determinó la temperatura del Sol a partir de la densidad de flujo energética de este.

$$\dot{Q} = \varepsilon \cdot \sigma \cdot A \cdot T^4$$

Donde:

"$\dot{Q}$" es el flujo de calor medido en Watios (W).
"ε" es la emisividad de la superficie de estudio.
"σ" es la constante de Stefan-Boltzmann.

$$\sigma = 5{,}67 \times 10^{-8} \frac{W}{m^2 \cdot K^4}$$

"A" es el área de emisión.
"T" es la temperatura del emisor medida en Kelvin.

Convección

El calentamiento o enfriamiento por convección se produce cuando la transmisión de calor se realiza entre un cuerpo fluido (gas o líquido) que se desplaza en contacto con una superficie sólida, existiendo una diferencia de temperatura entre ambos.

 Ejemplo

Un ejemplo de convección se puede encontrar en verano al ponerse delante de un ventilador, se enfoca un chorro de aire (fluido) hacia el cuerpo (sólido) para acelerar el proceso de intercambio térmico. Al ser la temperatura del aire menor que la temperatura corporal, proporciona una sensación de frescura.

Es importante puntualizar que en el caso en el que el fluido se encuentre en reposo, el mecanismo de transferencia de calor se realiza por conducción, aunque los sistemas que entren en juego sean un sólido y un fluido.

El flujo de calor por convección fue establecido por Newton, mediante la ecuación:

$$\dot{Q} = h \cdot A \cdot (T_s \cdot T_f)$$

Donde:
"h" es el coeficiente de transferencia en convección.
"Ts y T_f" = temperatura del sólido y del fluido respectivamente.

Actividades

5. En la siguiente lista se presenta una serie de situaciones. Clasifique los mecanismos de transferencia que se producen y razone su respuesta.

- Taza con café.
- Ventilador/radiador del coche.
- Calentamiento de agua mediante un equipo solar térmico.
- Chimenea.
- Calentar una sartén en la vitrocerámica.

Aplicación práctica

En esta ocasión, sus compañeros de EcoClima S. L. le han pedido que seleccione los emisores/radiadores para cada estancia del hotel. Para saber el modelo que va a emplear, debe calcular el calor aportado por el radiador y compararlo con el calor necesario en la estancia. Con los datos que se aportan a continuación, calcule el calor generado por cada elemento.

Datos:

$$
\begin{aligned}
&A = 0,5 \text{ m}^2 \\
&\varepsilon = 0,95 \\
&T_{radiador} = 30\ °C \\
&T_{aire} = 17\ °C \\
&h = 4,85 \text{ W/m}^2 \cdot \text{K}
\end{aligned}
$$

SOLUCIÓN

Dado que se trata de un radiador, se producen dos mecanismos de transferencia de calor: por una parte radiación y por otra convección.

Continúa en página siguiente >>

<< Viene de página anterior

El primer paso será convertir la temperatura a grados Kelvin.

$$T_{radiador} = 30\ ^{\circ}C = 30 + 273 = 303\ K$$
$$T_{aire} = 17\ ^{\circ}C = 17 + 273 = 290\ K$$

Ahora se procede al cálculo del calor aportado por radiación, cuya ecuación es:

$$\dot{Q} = \varepsilon \cdot \sigma \cdot A \cdot T^4$$

Sustituyendo, se obtiene:

$$\dot{Q}_{rad} = 0,95 \cdot 5,67x10^{-3}\ \frac{W}{m^2 \cdot K^4} \cdot 0,5m^2 \cdot (303K)^4 = 227W$$

El calor aportado por convección se obtiene de la ecuación:

$$\dot{Q} = h \cdot A \cdot (T_s \cdot T_f)$$

Que, sustituyendo, se obtiene:

$$\dot{Q}_{cov} = 4,85\ \frac{W}{m^2 \cdot K} \cdot 0,5m^2 \cdot (303K - 290K) = 31,52W$$

Continúa en página siguiente >>

<< Viene de página anterior

Por tanto, el calor total aportado por el elemento/radiador es:

$$\dot{Q} = \dot{Q}_{rad} + \dot{Q}_{cov} = 227W + 31{,}52W = 258{,}52W$$

3.2. Conducción. Ley de Fourier

La conducción es un mecanismo de transferencia de calor por contacto directo entre dos sistemas con diferentes temperaturas. El sistema que se encuentra a mayor temperatura presenta una mayor agitación de sus átomos y moléculas que, mediante los rozamientos y las colisiones con los átomos y moléculas del sistema adyacente, transfieren parte de su energía térmica.

Transferencia de calor por conducción

Más caliente   Menos caliente

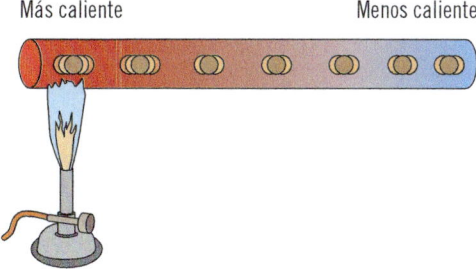

 Sabía que...

En la mayoría de los metales que presentan una buena conductividad eléctrica la transmisión de calor por conducción entre dos extremos separados se realiza de forma más acelerada. Esto se debe a que el metal presenta electrones libres que pueden desplazarse más rápidamente a lo largo de él.

La **conductividad térmica (k)** es la magnitud que permite cuantificar la facilidad que presenta un sistema para transmitir el calor. Gracias a esta magnitud diferenciamos entre aislantes térmicos y materiales conductores de calor. La conductividad térmica se mide en W/(K·m).

Fourier estableció mediante una serie de experimentos termodinámicos que la temperatura se desplaza a lo largo de un sólido de forma gradual, disminuyendo la temperatura conforme se distancia del foco generador de calor. La ecuación que rige el mecanismo de transmisión de calor por conducción recibe el nombre de **Ley de Fourier** y se enuncia como:

$$\dot{Q} = -k \cdot A \cdot \frac{dT}{dx}$$

Donde dT es la diferencia de temperatura entre dos puntos y dx la distancia entre esos puntos.w

Ejemplo

Se va a calcular el área necesaria para calentar el agua del interior de un depósito mediante una tubería, sabiendo que el espesor de la tubería de cobre es de dx = 1 mm, la conductividad térmica es k = 380 W/(K·m), la diferencia de temperatura dT = -25 K, y el calor aportado es Q = 475 W.

SOLUCIÓN

A partir de los datos aportados y teniendo en cuenta que se produce una transferencia de calor mediante conducción, aplicamos la ecuación:

$$\dot{Q} = -k \cdot A \cdot \frac{dT}{dx}$$

Continúa en página siguiente >>

<< Viene de página anterior

Sustituyendo, queda:

$$475W = -380 \frac{W}{k \cdot m} \cdot A \cdot \frac{-25K}{0,01m}$$

Despejando, se obtiene:

$$A = \frac{475W \cdot 0,01m}{-\dfrac{380W}{K \cdot m} \cdot (-25K)} = 0,0005m^2 = 5cm^2$$

Actividades

6. Elabore un listado de las situaciones cotidianas en las que se produce la transmisión del calor por conducción.

Aplicación práctica

Tras haber estudiado los mecanismos de transferencia de calor, se toma un descanso y, mientras cocina, se le ocurre la idea de calcular el mecanismo de transferencia de calor que se produce entre la vitrocerámica y la sartén. Calcule la temperatura a la que se están cocinando los alimentos a partir de los datos aportados.

Continúa en página siguiente >>

<< Viene de página anterior

Temperatura vitrocerámica = 105 °C.

Espesor de la sartén = 1 cm.

Radio de la sartén = 10 cm.

k = 50 W / (K·m).

Q = 610 W.

SOLUCIÓN

Al tratarse de una transferencia de calor por conducción, aplicamos la Ley de Fourier:

$$\dot{Q} = -k \cdot A \cdot \frac{dT}{dx}$$

$$A = \pi \cdot r^2 = \pi \cdot (0,1 \text{ m})^2 = 0.03 \text{ m}^2$$
$$T = 105 + 273 = 378 \text{ K}$$

Sustituyendo, queda:

$$610W = -50\frac{W}{K \cdot m} \cdot 0,03m^2 \cdot \frac{T - 378K}{0,01m}$$

Continúa en página siguiente >>

<< Viene de página anterior

Despejando la temperatura, queda:

$$T = \frac{610W \cdot 0,01m}{-\dfrac{50W}{K \cdot m} \cdot 0,03m^2} + 378 = 374K$$

$$T = 374\ K - 273 = 101\ ^{\circ}C$$

Por lo tanto, en este caso la comida se está cocinando a una temperatura de 101 °C.

4. Resumen

No solo debe tenerse en cuenta la termodinámica para el cálculo de instalaciones o para el diseño de las mismas, sino que la termodinámica está presente en nuestra vida cotidiana. Entendiendo el funcionamiento de las escalas termométricas, somos capaces de convertir medidas térmicas entre las distintas escalas existentes.

Conocer los mecanismos de transferencia de calor y saber calcular el calor transferido por los distintos procesos, nos permite comparar y evaluar la eficiencia de dos sistemas de calefacción, eligiendo el sistema que más nos interese en cada momento.

Ejercicios de repaso y autoevaluación

1. **Indique la respuesta correcta.**

    a. Una tubería no puede constituir un sistema termodinámico.

    b. La termodinámica es una rama de la astrología que se basa en el estudio del intercambio de materia y energía, los elementos que conforman el universo.

    c. El sistema termodinámico se encuentra aislado del entorno mediante unos límites definidos.

2. **¿Qué clases de sistemas podemos distinguir en termodinámica? Defínalos.**

    _____

    _____

    _____

    _____

3. **¿Cómo se denomina la situación termodinámica en la que se encuentra un sistema en el momento de estudio?**

    a. Base.

    b. Estado.

    c. Proceso.

    d. Situación.

4. **Las propiedades termodinámicas pueden ser de carácter intensivas y extensivas.**

    Clasifique las siguientes propiedades.

    ▌ Densidad.

    ▌ Volumen.

    ▌ Temperatura.

    ▌ Presión.

5. ¿A cuántos julios equivale una caloría? ¿Y una atmósfera de presión a cuántos milímetros de mercurio?

_____

_____

6. Complete.

El _____ es energía que se desplaza de un sistema a otro debido a la diferencia de temperatura entre ambos. Cuando dos _____ están en contacto el _____ de ambos tiende a igualarse dando como resultado un _____.

7. Nombre, al menos, tres escalas termométricas.

_____

_____

8. Explique por qué no es posible encontrar valores negativos en la Escala térmica del SI.

_____

_____

_____

_____

9. ¿Qué fórmula se debe aplicar si se quiere convertir la temperatura de la escala Kelvin a la escala Celsius? ¿Y de la escala Fahrenheit a la escala Celsius?

_____

_____

10. ¿Cuáles son los mecanismos de transmisión de calor?

_____

_____

11. ¿Gracias a qué principio enunciado por Ralph H. Fowler fue posible la construcción de los primeros termómetros?

    a. El principio de igualdad térmica y equilibrio.
    b. El principio de equilibrio entre masas en distintos estados.
    c. El principio cero de la termodinámica.
    d. El principio de equilibrio entre energías internas de dos sistemas en contacto mediante el mecanismo de transferencia de conducción.

12. ¿Qué mecanismo nos permite transferir el calor de un cuerpo a otro, sin la necesidad de existir un contacto directo entre ambos?

    a. Transferencia por conducción.
    b. Transferencia por convección.
    c. Transferencia por radiación.
    d. Las opciones b y c son correctas.

13. Relacione cada ecuación con el mecanismo de transferencia.

Conducción $\qquad\qquad\qquad\qquad$ $\dot{Q} = \varepsilon \cdot \sigma \cdot A \cdot T^4$

$$\dot{Q} = -k \cdot A \cdot \frac{dT}{dx}$$

Convección

Radiación $\qquad\qquad\qquad\qquad$ $\dot{Q} = h \cdot A \cdot (T_s \cdot T_f)$

14. La ecuación que rige el mecanismo de transmisión de calor por conducción recibe el nombre de _____.

15. Ordene.

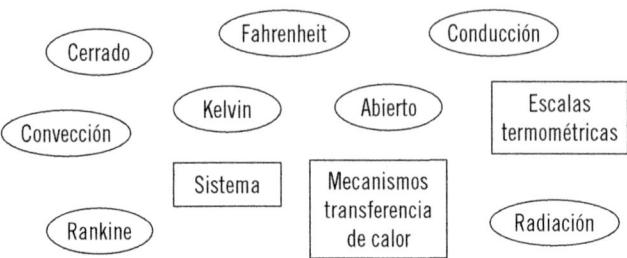

Capítulo 2

Combustión y combustibles

Contenido

1. Introducción

La combustión es el proceso que tiene por objeto liberar la energía que contiene un combustible, como puede ser el carbón, petróleo o la madera en forma de calor. Durante el proceso de combustión el combustible se va consumiendo generando residuos gaseosos o sólidos.

Inicialmente el hombre comenzó a dominar el proceso de combustión (fuego) para calentarse y cocinar los alimentos, hoy en día el proceso de combustión y los combustibles como fuente de energía ocupan un lugar muy destacado en la vida moderna, estando muy presentes en la actividad cotidiana.

El avance de la técnica ha permitido al hombre el estudio de nuevos procesos de combustión, la mejora de la eficiencia del proceso y la utilización de nuevos combustibles (biocombustibles, pellets, etc.).

Para diseñar instalaciones eficientes es necesario conocer los procesos de combustión y los tipos de combustibles, con el fin de seleccionar el proceso más idóneo y que mejor se adapte a la instalación objeto de estudio.

2. Combustión

La combustión se produce a través de un conjunto de reacciones de oxidación que se producen entre dos elementos: el combustible y el comburente. El proceso de reacción que se genera es exotérmico, por lo que libera energía en forma de calor. Para que se dé una reacción de combustión, el combustible debe ser fácilmente oxidable.

2.1. Conceptos básicos de combustión

La combustión se diferencia de otros procesos químicos por la presencia de una llama que produce la oxidación rápida del combustible en forma de deflagraciones, detonaciones y explosiones, pudiendo mantener o no dicha llama estable durante todo el proceso.

Combustión en una caldera

 Definición

Oxidación

Reacción química donde un elemento cede electrones a otro. Cuando un elemento químico acepta electrones se produce la reducción, reacción química opuesta a la oxidación. Dichas operaciones son intrínsecas, es decir, cuando una sustancia se oxida, automáticamente se produce la reducción de otra.

La reacción de combustión se realiza a temperaturas muy elevadas en presencia de oxígeno, necesario para la combustión y que debe ser aportado como parte del proceso de combustión.

Actividades

1. Coloque una vela o cerilla sobre una superficie no combustible (un plato de cerámica o vidrio, o sobre una superficie metálica horizontal), encienda la llama y tápelo con un vaso de cristal. Observe qué es lo que ocurre pasados unos minutos. ¿A qué se debe? Describa el fenómeno.

Para que se produzca el fenómeno de la combustión deben darse de manera simultánea tres fenómenos:

- La existencia de material combustible.
- La existencia de material comburente.
- Energía de activación.

Estos tres fenómenos se relacionan entre sí constituyendo el denominado **triángulo de combustión,** en el que es necesaria la existencia de sus tres vértices para que se lleve a cabo la combustión.

Triángulo de combustión

Combustible

Energía de
activación

Comburente

El **comburente** es el medio en el cual se produce la combustión; el oxígeno es un buen comburente debido a que se trata de una molécula poco reactiva al presentar un doble enlace químico y un carácter fuertemente electronegativo.

En los procesos de combustión normalmente se emplea el aire como comburente, ya que su composición se encuentra formada por un 20 % de oxígeno

(O_2) y un 80 % de nitrógeno (N_2), salvo en aquellas ocasiones donde, por cuestiones técnicas, sea más interesante el empleo de una atmósfera controlada, como por ejemplo en ciertos procesos de soldadura.

La **energía de activación (E_a)** es la energía mínima inicial que necesita ser aportada a un sistema para desencadenar una reacción química. Esta inyección de energía vence las fuerzas que repelen los electrones entre dos moléculas muy próximas.

Energía de activación para iniciar una reacción

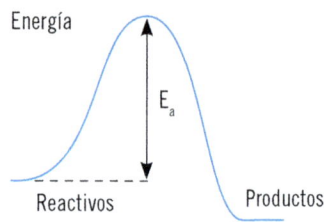

Una vez iniciada la combustión ya no es necesaria la aportación de la energía de activación, de manera que si se mantiene de manera continua y estable la inyección de los reactivos se obtiene un proceso que libera energía en forma de calor y radiación lumínica.

La mayoría de los **combustibles,** ya sean sólidos, líquidos o gaseosos, se componen básicamente de carbono (C) e hidrógeno (H), como por ejemplo el gas butano (C_4H_{10}) o la gasolina (C_8H_{18}), además de otros elementos como el azufre (S).

Actividades

2. Localice en su entorno cotidiano tres procesos de combustión e identifique el combustible, el comburente y la energía de activación.

Poder calorífico

La cantidad de calor que se obtiene de la oxidación completa (combustión), a presión atmosférica, del volumen de los componentes de un combustible se define como **poder calorífico (Cp),** es decir, el poder calorífico es la cantidad de energía que puede desprender la reacción química entre un combustible y un comburente.

El poder calorífico de un elemento se expresa en kWh/kg, aunque para combustibles líquidos y gaseosos puede emplearse kWh/l y kWh/m^3, respectivamente.

En la reacción de combustión, el oxígeno se combina con el hidrógeno formando agua; además, los combustibles pueden presentar humedad en su composición. En función de la cantidad de agua en el humo, se distinguen dos clases de poderes caloríficos:

- **Poder calorífico inferior:** se refiere a la cantidad de calor liberado en la oxidación completa del combustible, que puede ser aprovechado y que obtiene como producto vapor de agua. Parte de la energía se pierde durante el proceso evaporando el agua.
- **Poder calorífico superior:** es la cantidad de calor que se genera en una reacción de oxidación teniendo como uno de sus productos agua líquida. El poder calorífico superior permite medir la cantidad de calor total producida.

Ejemplo

Se presenta la reacción de combustión:

$$CH_4 + O_2 \rightarrow CO_2 + 2H_2O + Calor$$

En esta reacción se combina una molécula de metano (CH_4) con otra de oxígeno (O_2) para dar como resultado una molécula de dióxido de carbono (CO_2) y dos moléculas de agua (H_2O), además de calor. Como puede observarse en la combustión, se genera una cantidad de agua importante, por lo que su evaporación resta eficiencia al proceso de generación de calor.

Cuando se emplea madera para generar calor en una chimenea es muy importante que esta contenga una cantidad muy pequeña de humedad para que la combustión sea más eficiente, y también la cantidad de calor resultante sea mayor.

2.2. Tipos de combustión

Se pueden clasificar los distintos tipos de combustión atendiendo a la velocidad a la que se realiza el proceso y las proporciones de combustible y comburente empleadas en la reacción.

Cuando se produce una reacción de combustión existe un intervalo de tiempo entre la ignición inicial y la combustión rápido.

 Definición

Ignición
Según la RAE, es la acción que inicia o desencadena ciertos procesos físicos o químicos.

La ignición se corresponde con la energía de activación necesaria para el inicio de la combustión, la cual puede provenir de una chispa eléctrica.

Los **factores** que modifican la velocidad de combustión son:

- El estado del combustible (líquido, sólido o gaseoso).
- La humedad del combustible.
- La cantidad de aire durante la reacción.
- Otros factores (como el diseño de la cámara de combustión, la presencia de suciedad y elementos no deseados, etc.).

Según la velocidad de reacción de combustión

Las reacciones de combustión se producen a distintas **velocidades,** pudiendo distinguir entre tres tipos:

1. **Combustiones lentas:** se llevan a cabo sin la emisión de llamas o luz y generalmente irradian una cantidad de calor muy baja como consecuencia de la baja cantidad de oxígeno existente.

 Sabía que...

Las combustiones lentas están catalogadas como muy peligrosas en incendios domésticos, ya que de producirse una repentina entrada de aire (comburente) el fuego se aviva rápidamente, activando el incendio.

2. **Combustiones rápidas:** generan fuertes emisiones de luz y calor como consecuencia de las combustiones espontáneas que se llevan a cabo en su interior.

3. **Combustiones estables:** son aquellas en la que la proporción de combustible y comburente se mantiene constante y por tanto su velocidad de combustión a lo largo del ciclo. Las combustiones estables permiten un menor consumo de combustible.

 Consejo

La mayoría de los accidentes domésticos se deben al fuego en la cocina. Si el aceite de una sartén comienza su combustión, se recomienda tapar esta, de manera que al privar la reacción de oxígeno esta finalice. Nunca intentar apagar el fuego de una sartén con aceite con agua, ya que se consigue el efecto contrario.

Según las proporciones del combustible y comburente

Diferenciamos tres tipos de combustiones en función de las proporciones de combustible y comburente en la reacción:

1. **Combustión incompleta:** donde se lleva a cabo una reacción con defecto de oxígeno, al aportarse una cantidad de aire menor a la necesaria para quemar completamente el combustible. Las combustiones con defecto de oxígeno favorecen la formación de monóxido de carbono (CO), altamente tóxico. Además, presentan el inconveniente de generar un exceso de humos y ser poco eficientes, al quedar parte del combustible sin reaccionar.

   Por ejemplo, en el día a día se pueden encontrar diferentes situaciones en las que se pueden producir reacciones de combustión incompleta, que pueden llegar a afectar a la salud de las personas. Algunos de estos casos son: la combustión incompleta de un brasero, un calentador de agua o la combustión incompleta que se produce en el motor de un automóvil.

2. **Combustión completa:** se produce cuando la reacción se realiza con un nivel de oxígeno mayor del necesario, lo que garantiza el máximo grado de oxidación del combustible. Este proceso queda intrínsecamente exento de emisión de sustancias combustibles en los gases de escape. No obstante, en la combustión completa se generan pérdidas de calor, debidas a una mayor eliminación de la cantidad de gases junto con los humos.

Gases de escape en una combustión

3. **Combustión estequiométrica:** este tipo de reacción aporta al proceso la cantidad de aire necesaria (sin exceso, ni defecto) para quemar completamente todo el combustible.

Otras reacciones de combustión

Además de las combustiones estudiadas, existen dos reacciones de combustión muy importantes:

1. **Deflagración:** es una reacción de combustión a muy alta velocidad, en la que no se produce explosión. Durante el proceso de deflagración, la llama avanza mediante la difusión térmica de la energía. Este fenómeno se produce cuando el combustible es altamente inflamable. Un ejemplo de deflagración sería la combustión del gas butano en la hornilla cuando este es encendido mediante una chispa.

2. **Detonación:** la detonación ocurre a una velocidad mucho mayor que la deflagración, superando la barrera del sonido y generando una onda de choque. En los procesos de detonación es muy importante el diseño del contenedor de la mezcla para aumentar la potencia de la detonación.

La gasolina es un combustible que a temperatura y presión ambiental su combustión no produce una detonación; en cambio, cuando la gasolina es introducida a presión dentro del cilindro del motor, la combustión de esta genera una explosión de una gran fuerza de empuje. Por tanto, un mismo combustible puede realizar una combustión de deflagración o detonación en función del medio en el que está confinado.

Actividades

3. Clasifique la siguiente lista, según sea deflagración o detonación.

- Encender una cerilla.
- La pólvora de un cohete de fuegos artificiales.
- Encender un calentador de butano.
- Motor de combustión.
- Combustión de un barril de gas inflamable.

Aplicación práctica

Una fábrica de cerámicas ha solicitado un presupuesto para la sustitución de las calderas diésel, que emplea para calentar los hornos, por calderas de biomasa que trabajen con hueso de aceituna. El cliente es un perfecto conocedor de los procesos de combustión, y quiere que en el presupuesto aparezca porque se trata de un proceso eficiente. Como técnico encargado, debe seleccionar el proceso de combustión más adecuado en el que debe trabajar la caldera y justificarlo al cliente.

Continúa en página siguiente >>

<< Viene de página anterior

SOLUCIÓN

Desde el punto de vista de la velocidad de combustión, la caldera debe trabajar en un régimen de combustión estable donde la proporción de hueso de aceituna y aire sea constante, ya que permite un menor consumo de hueso de aceituna, mejorando la eficiencia.

Las proporciones de hueso de aceituna y aire deben permitir una combustión completa acercándose a proporciones estequiométricas, de manera que no se produzca un exceso de aire que haga perder calor a la caldera, ni un defecto de aire que produzca una combustión incompleta del hueso de aceituna.

Teniendo en cuenta estos dos factores, a la hora de producir la combustión del hueso, la caldera trabajará en un proceso eficiente donde el consumo de combustible será el estrictamente necesario.

2.3. Exceso de aire

Desde el punto de vista de la eficiencia se debe conseguir reacciones de combustión completas, cercanas a la combustión neutra o estequiométrica.

La relación entre la cantidad de aire introducida en el proceso de combustión y la necesaria, es el "coeficiente de exceso de aire" (n):

$$n = \frac{Aire_{introducido}}{Aire_{min\ necesario}}$$

Donde:

n = 1   Combustión estequiométrica.

n < 1   Mezcla rica (falta de aire).

n > 1   Mezcla pobre (exceso de aire).

Como puede suponerse, la mayoría de las combustiones se producen fuera de la relación estequiométrica entre combustible y aire, por lo que se puede clasificar la combustión de una mezcla en función del nivel de aire existente.

Combustión con exceso de aire

Cuando la cantidad de aire aportada supera a la necesaria para la combustión estequiométrica se produce una combustión con exceso de aire. En estas condiciones la combustión puede ser completa o incompleta y recibe el nombre de **mezcla pobre,** puesto que la cantidad de combustible es insuficiente.

Ejemplo

En los motores diésel de combustión interna alternativos (motor de un coche) se buscan combustiones con excesos de aire, es por ello que algunos motores incorporan un eje llamado turbo que introduce una cantidad de aire mayor que la necesaria, con el fin de aportar una mayor potencia sin aumentar excesivamente la cantidad de combustible.

Combustión con defecto de aire

Cuando la cantidad de aire es insuficiente para poder realizar la combustión estequiométrica de la mezcla, se produce una combustión rica, ya que la cantidad de combustible empleada es mayor de la necesaria.

Ejemplo

Si se realiza la combustión del metano con defecto de aire:

$$2CH_4 + 2O_2 + N_2 \rightarrow CO_2 + 4H_2 + H_2O + CO + N_2 + Calor$$

Sc producen residuos inquemados como el hidrógeno (H_2) y el monóxido de carbono (CO) y, por lo tanto, una pérdida de producción de calor.

Lo ideal es realizar una combustión estequiométrica, sin embargo esto es técnicamente muy complicado, por lo que opta por realizar combustiones completas con exceso de aire y lo más cerca al punto de combustión estequiométrica. Debe tenerse en cuenta que cuanto mayor es el exceso de aire menor es el calor aprovechado, puesto que una parte del calor de la combustión se emplea en el calentamiento de humos, los cuales aumentan con el exceso de aire.

Importante

Es muy importante realizar correctamente la puesta a punto de la caldera de un edificio para evitar combustiones con exceso de aire que producen grandes cantidades de humos además de combustiones incompletas, las cuales contribuyen a un aumento innecesario de consumo de combustible.

Continúa en página siguiente >>

<< Viene de página anterior

Puesta a punto de una caldera

Lo más importante para lograr una correcta combustión es diseñar correctamente la cámara de combustión y el sistema de inyección, de manera que se consiga una correcta mezcla del combustible-aire. Los combustibles gaseosos son más flexibles a la hora de mezclarse con el aire, en cambio combustibles líquidos y sólidos realizan combustiones generalmente muy lejos de los puntos estequiométricos.

2.4. Diagramas de combustión

Los **diagramas de combustión** se emplean a la hora de realizar los cálculos de combustión de una forma precisa y rápida. El proceso de combustión genera gases cuyas proporciones dependerán de las concentraciones de aire y combustible en la mezcla. La composición de una combustión se puede representar mediante diagramas, además de ellos podemos obtener la relación de humos o productos de desecho de la combustión.

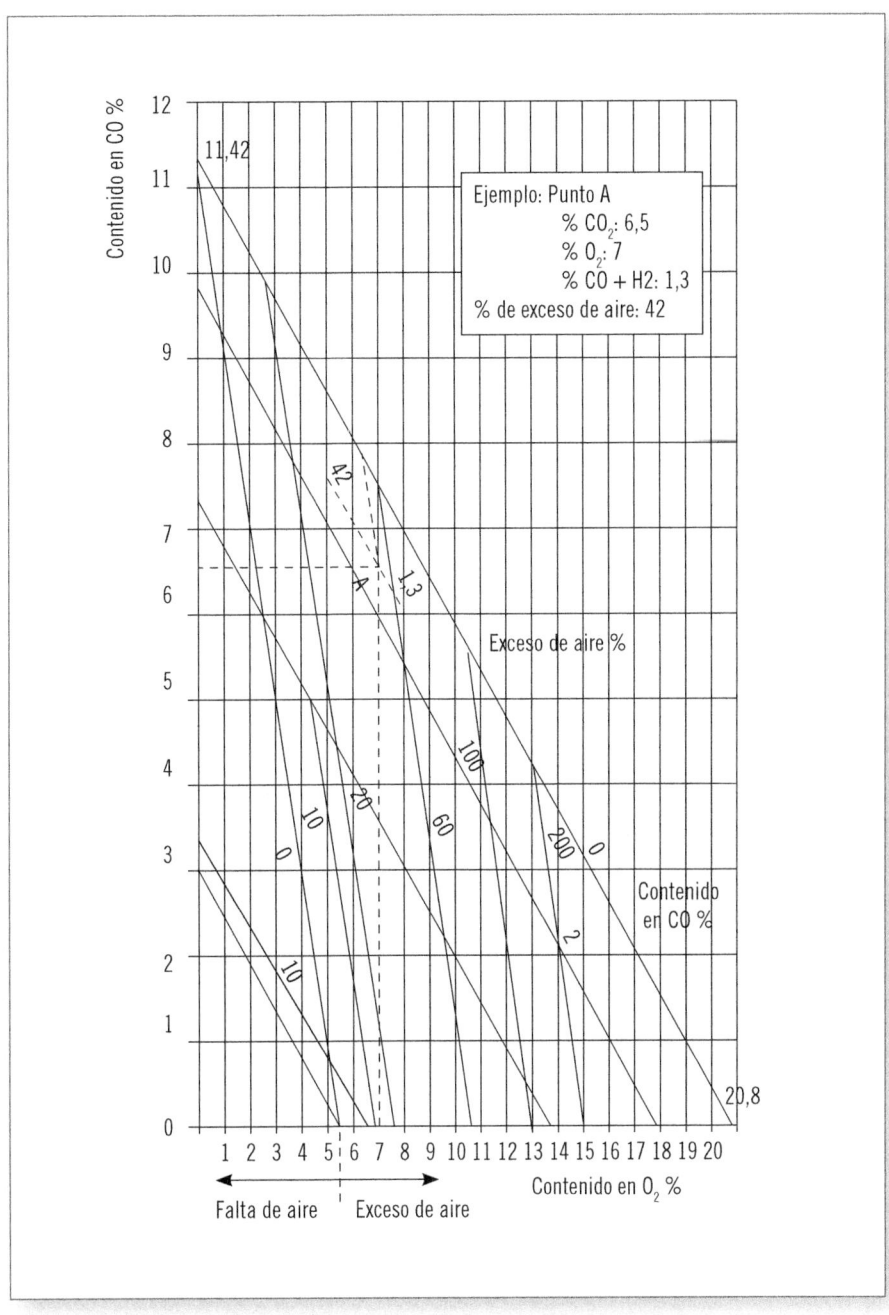

Contenido en CO %

Ejemplo: Punto A
% CO_2: 6,5
% O_2: 7
% CO + H2: 1,3
% de exceso de aire: 42

Exceso de aire %

Contenido en CO %

Contenido en O_2 %

Falta de aire | Exceso de aire

Diagrama de combustión

Los diagramas de combustión permiten calcular el exceso de aire del proceso, así como la composición de los humos, además de las proporciones de CO_2 y oxígeno necesarios.

Diagrama de Ostwald

El diagrama de Ostwald determina el exceso de aire mediante el porcentaje de los gases que intervienen en la combustión.

En este diagrama se pueden diferenciar los siguientes elementos:

- **Línea de combustión completa:** es la línea que representa el proceso de combustión completa donde todo el carbono se transforma en CO_2.
- **Rectas equivalentes en CO:** son un conjunto de rectas paralelas a la línea de combustión completa que determina la cantidad de monóxido de carbono que se genera en una combustión incompleta.
- **Paralelas de exceso o defecto de aire:** son un conjunto de líneas paralelas que indican el coeficiente de exceso de aire de la combustión.

Diagrama de Ostwald de gasóleo

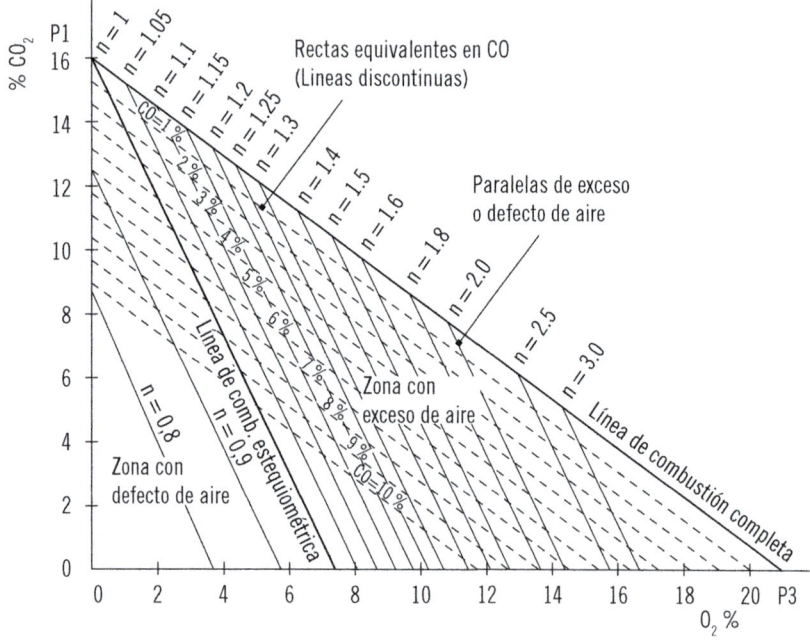

La línea de aire o línea estequiómetrica divide el diagrama de Ostwald en dos zonas: una para las combustiones con exceso de aire y otra para las combustiones con defecto de aire.

El diagrama de Ostwald es muy útil para determinar el tipo de combustión que se lleva a cabo de una forma rápida y sencilla. Cada combustible presenta un diagrama distinto, por lo siempre se debe comprobar que se está empleando el diagrama correcto. Como limitación, el diagrama de Ostwald solo muestra las cantidades de CO producidas y no el resto de posibles productos inquemados.

Mediante el diagrama anterior se va a analizar la clase de combustión que se lleva a cabo en un proceso, que como resultado de la medición se ha obtenido un 7 % de CO_2 y un 10 % de O_2.

RESULTADO

Si se trazan dos líneas con los datos aportados, el punto de corte indicará qué clase de combustión se está realizando.

Continúa en página siguiente >>

<< Viene de página anterior

En este caso, se tiene:

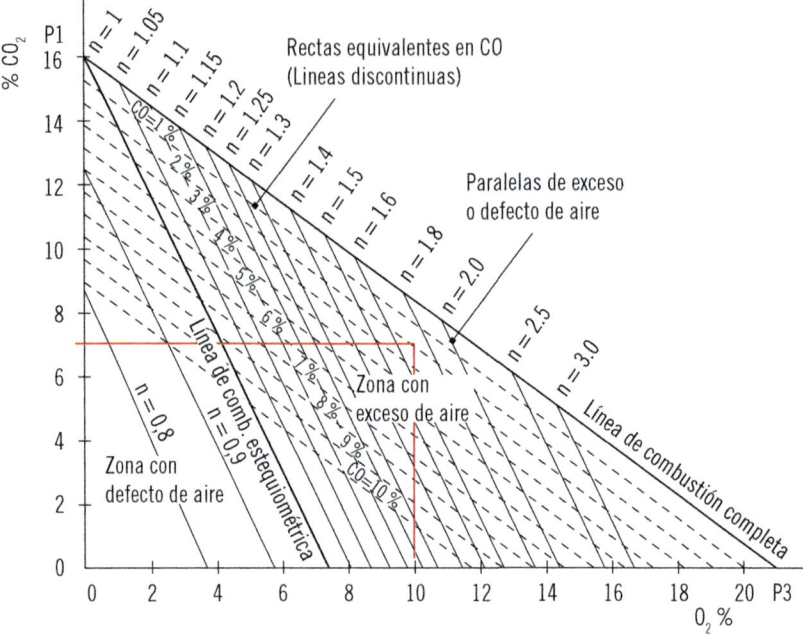

Como podemos ver en el punto de corte, la combustión se está realizando de forma incompleta con un exceso de aire.

 **Recuerde**

"n" es el coeficiente de aire, donde su valor 1 indica que se realiza una combustión estequiométrica; mientras que en valores mayores de 1 se realizan combustiones con exceso de aire, y para valores inferiores a 1, combustiones con defecto de aire.

Diagrama de Keller

El diagrama de Keller se emplea para combustiones incompletas. En este diagrama, además de aparecer la cantidad de CO producida, también recoge la cantidad de hidrógeno (H_2), así como algunos productos inquemados dependiendo del tipo de combustible. Se emplea para el cálculo de combustibles con alto contenido en H_2 y cuando el índice de exceso de aire es relativamente bajo.

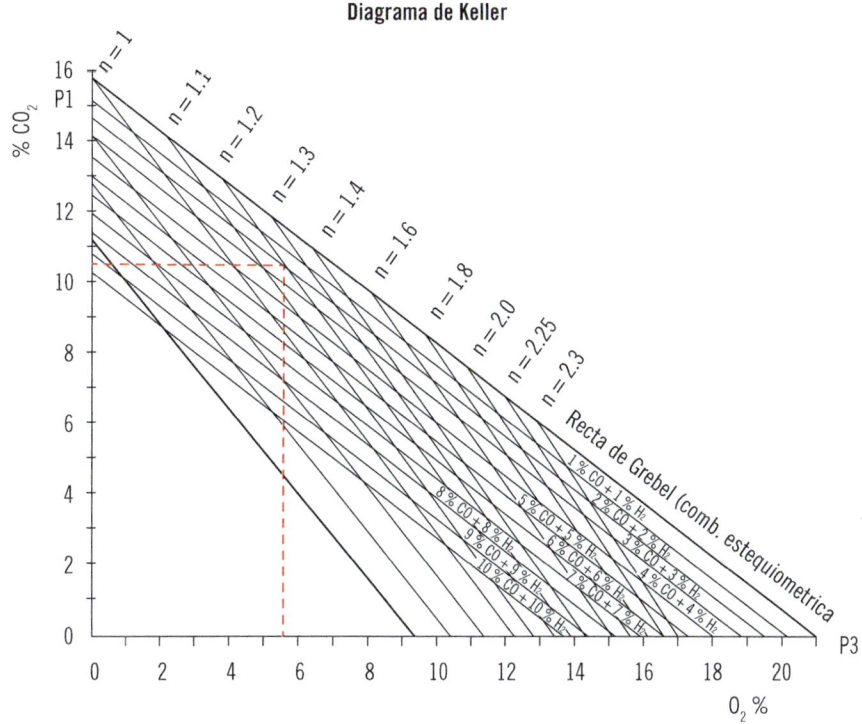

Diagrama de Keller

La forma de proceder al cálculo de una combustión con el diagrama de Keller es similar al proceso descrito en el cálculo del diagrama de Ostwald.

Diagrama de Kissel

El diagrama de Kissel se emplea para combustiones incompletas de gases, como puede ser el butano, el propano o el gas natural. El modo de trabajar con el diagrama de Kissel es similar al de Ostwald o Keller, donde introduciendo los valores de O_2 y CO_2 se puede obtener el punto de combustión de la mezcla.

Diagrama de Kissel de gas natural

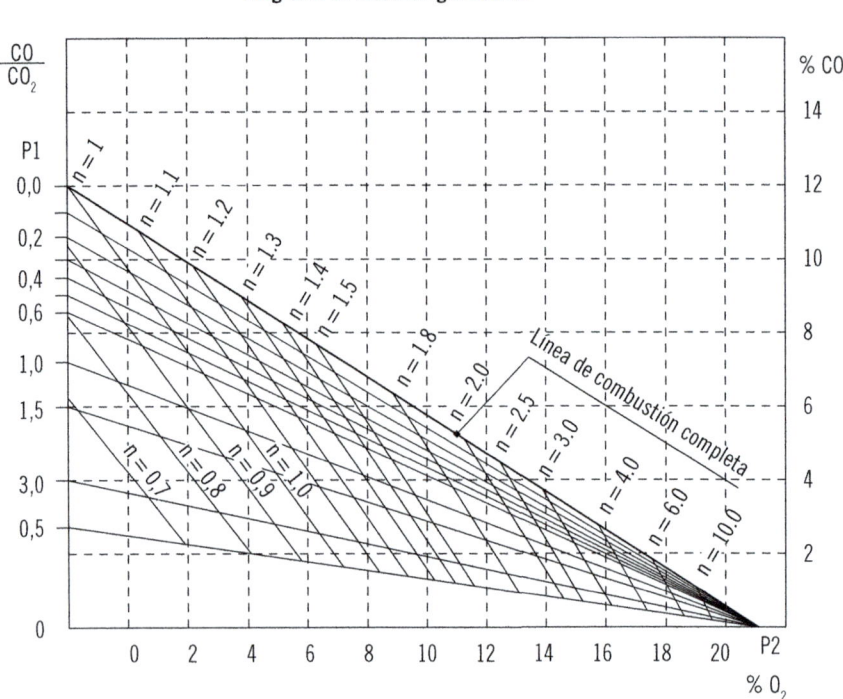

Diagrama de Bunte

A diferencia de los diagramas de Ostwald y Keller, el diagrama de Bunte se emplea para procesos de combustión completa donde, gracias a la medición de los productos como el CO_2 y el O_2, puede obtenerse el grado de exceso de aire que se produce.

Diagrama de Bunte

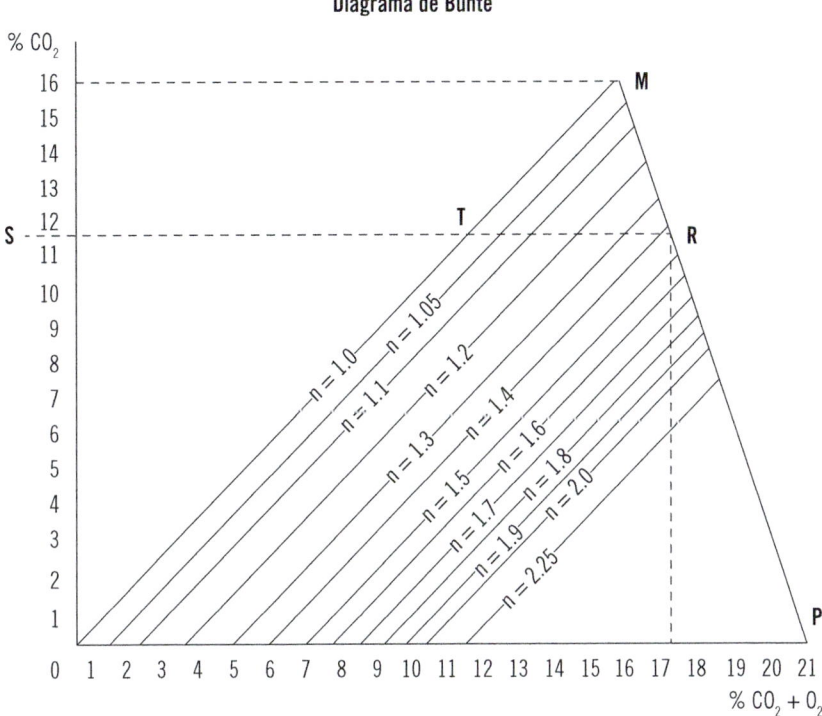

El diagrama de Bunte es muy útil a la hora de analizar el proceso de combustión completa, ya que permite identificar las posibles mejoras para conseguir una combustión estequiométrica.

 Actividades

4. Según lo estudiado, ¿puede realizarse una combustión completa con defecto de aire? Argumente su respuesta.

Aplicación práctica

Está realizando el análisis de la combustión de una caldera; para establecer unos valores de combustión óptimos en el funcionamiento, debe ajustar la entrada de aire. Ha realizado la medición de los gases de escape y mediante el siguiente diagrama aportado por el fabricante obtiene unos productos de la combustión de 8 % CO_2 y 10 % O_2. Indique de qué tipo de combustión se trata y la cantidad de exceso o defecto de aire, así como el porcentaje de CO generado.

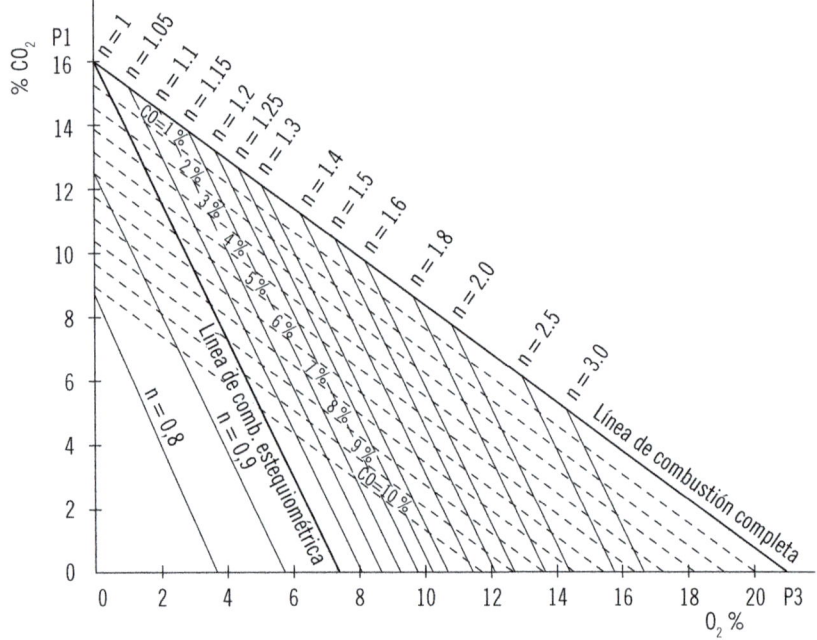

SOLUCIÓN

Trazando las rectas, se obtiene el siguiente punto de corte:

Continúa en página siguiente >>

<< Viene de página anterior

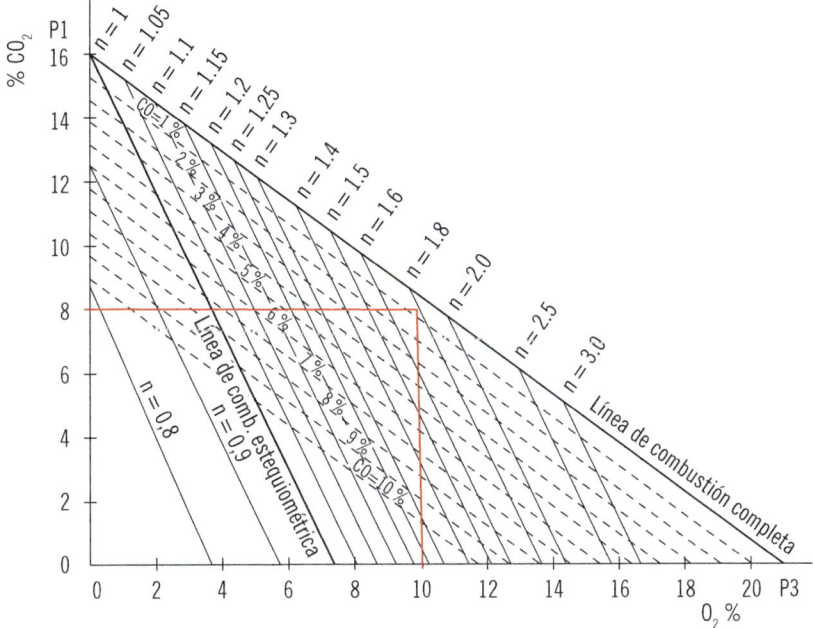

En este punto se observa lo siguiente: se trata de una combustión incompleta con exceso de aire donde el coeficiente n = 1,8 y la cantidad de CO producido es de 1 %.

3. Combustibles

Los combustibles están constituidos por mezclas o combinaciones de varios elementos, sin embargo elementos que se encuentran en mayor proporción son el carbono y el hidrógeno; en algunos casos el azufre, tiene una presencia importante en la reacción. El carbono en contacto con el oxígeno del aire y el hidrógeno realiza una combustión exotérmica (desprendimiento de calor) que genera calor para ser transformado en muchos casos en trabajo.

El nitrógeno, el agua y las cenizas también forman parte de los elementos que intervienen en la reacción de combustión, siendo su presencia no deseada por causar pérdidas en el rendimiento del proceso.

Los combustibles convencionales pueden clasificarse según su origen (fósil o no fósil), según procedan de fermentaciones, según su utilización (de forma directa o manufacturada), pero su clasificación más importante se debe a su estado, donde pueden ser sólidos, líquidos o gaseosos.

La fase en la que se encuentra el combustible es uno de los factores más importantes a tener en cuenta a la hora de diseñar el proceso de combustión, así como todos los dispositivos necesarios.

3.1. Combustibles sólidos. Tipos de instalaciones: biomasa

Dentro de los combustibles sólidos se puede diferenciar entre naturales, como la biomasa, el carbón o la madera, o artificiales como el coque, el carbón vegetal o los aglomerados, que se obtienen mediante la aplicación de calor sin existencia de aire (piro-generación).

Clasificación de combustibles sólidos		
	Maderas y residuos vegetales	
SÓLIDOS	**NATURALES**	Carbón	Turbas
			Lignitos
			Hullas
			Antracita
	ARTIFICIALES		Coques (carbón y petróleo)
			Aglomerados y briquetas
			Carbón vegetal

? Sabía que...

El carbón es el combustible sólido más empleado en la actualidad. Además, el carbón se usa como materia prima para la obtención de combustibles líquidos y gaseosos.

Tipos de instalaciones. Biomasa

Los combustibles sólidos se emplean tanto para la obtención de calor como para la transformación de este en energía o trabajo útil. Las instalaciones más usuales para la combustión de elementos sólidos son las calderas. Se pueden encontrar los siguientes tipos:

- Calderas de carbón.
- Calderas de leña.
- Calderas de biomasa.

Las calderas para combustibles sólidos presenta la desventaja de la necesidad de limpiar las cenizas producidas, además de la dificultad de controlar el proceso de combustión.

Las calderas y estufas de biomasa son una evolución de las calderas de leña o carbón, que aprovecha los desechos naturales procedentes de actividades agrícolas (hueso de aceituna, cáscara de almendra, desechos de madera, etc.) para generar calor de forma eficiente. El uso de calderas de biomasa se está implantando cada vez más debido al bajo coste del combustible y el buen rendimiento del proceso de combustión.

Estufa de biomasa

Actividades

5. Cite tres ejemplos de instalaciones de su entorno donde se empleen combustibles sólidos como elemento de combustión.

3.2. Combustibles líquidos. Tipos de instalaciones: gasóleo

La mayoría de los combustibles líquidos que se emplean en la actualidad provienen del petróleo, sin embargo también se pueden encontrar alcoholes y residuos que pueden ser utilizados como combustibles en algunos procesos.

Clasificación de combustibles líquidos		
	ALCOHOLES	Naturales (fermentación e hidrólisis)
		Artificiales
LÍQUIDOS	**RESIDUALES**	Lejías negras
	DERIVADOS DEL PETRÓLEO	Gasóleos
		Fuelóleos

Los combustibles líquidos para calderas se caracterizan por la viscosidad, debido a que el combustible debe circular a través de tuberías para ser pulverizado y atomizado en la cámara de combustión, con el objeto de mejorar el rendimiento de la reacción.

En algunos casos se procede a calentar previamente el combustible antes de ser introducido en la cámara de combustión con el objeto de disminuir la viscosidad del mismo, ya que esta es una propiedad física que disminuye conforme aumenta la temperatura.

Tipos de instalaciones. Gasóleo

Para combustiones con líquidos se emplean para diversas instalaciones tanto generadoras de calor, como productoras de energía (movimiento, electricidad).

 Sabía que...

Las calderas en edificios a menudo emplean combustibles líquidos por la facilidad de transporte, el bajo peso en relación con combustibles sólidos, por ser más seguros que los combustibles gaseosos y por el reducido tamaño de la cámara de combustión.

En la industria se emplean comúnmente calderas con combustibles líquidos debido a que generan menos residuos sólidos que las calderas de carbón, sin embargo requiere de la utilización de quemadores especiales que vaporicen el combustible para conseguir una mejor mezcla con el aire.

El combustible más empleado en la industria es el gasóleo y el fuel-oil, aunque este último tiene su uso limitado por la normativa vigente y la potencia de la caldera.

El gasóleo puede obtenerse bien por la destilación del petróleo o bien por el tratamiento de diversos aceites vegetales. En España pueden encontrarse los tipos de gasóleos designados con las letras A, B o C. La aplicación de estas letras es para identificar el tipo de impuesto que se aplica en cada uno de ellos.

- Gasóleo A: soporta el impuesto más alto y su uso es para vehículos.
- Gasóleo B: está gravado con un impuesto menor, ya que su uso está destinado para su empleo en maquinaria agrícola.
- Gasóleo C: se emplea en instalaciones de calefacción.

Gasóleo para automóviles

Actividades

6. ¿Por qué cree que en la industria se emplea el gasóleo como combustible líquido y no la gasolina?

3.3. Combustibles gaseosos. Tipos de instalaciones: gas natural y propano

Los combustibles gaseosos pueden provenir de residuos, de fuentes naturales, de tratamientos del petróleo o de fuentes artificiales.

Clasificación de los gases		
	RESIDUALES	Fuel-gas
	GAS NATURAL	Diferentes familias
	GASES LICUADOS DEL PETRÓLEO (GLP)	Propanos y butanos
GASEOSOS	**ARTIFICIALES O ELABORADOS**	Gas de alto horno
		Gas de coque
		Gas pobre
		Gas de agua
		Gas ciudad
	BIOGÁS	

Los combustibles gaseosos presentan ventajas sobre los sólidos y líquidos por su facilidad de transporte y almacenamiento, así como el aporte de un mayor poder calorífico, debido a la facilidad de mezclarse con el comburente (aire).

Los **gases combustibles naturales** provienen de las siguientes familias:

- **Gas natural:** se encuentra en yacimientos de petróleo, y está formado por una mezcla de hidrocarburos en la que el elemento con mayor presencia es el metano (CH_4).
- **Gases licuados del petróleo (GLP):** son gases resultantes de la licuación del petróleo de donde se obtiene gas propano y butano.

El gas Grisú está formado principalmente por metano, por lo que se considera también gas natural; sin embargo, su origen proviene de las bolsas de gas existentes en las minas de hulla.

El gas natural se emplea tanto en instalaciones de calefacción como en instalaciones de generadores de energía. Recientemente los gases combustibles se emplean en instalaciones de cogeneración, donde durante el proceso de generación de energía (electricidad) para una fábrica, se desprende calor que es aprovechado para otros procesos que requieren la aplicación de este. Con la cogeneración se consigue instalaciones más eficientes y un mayor aprovechamiento del combustible.

Actividades

7. Aunque el butano es un gas, este se almacena en forma líquida dentro de bombonas para su uso doméstico. ¿A qué cree que se debe este hecho? Infórmese sobre ello.

Aplicación práctica

Se va a realizar la construcción de una fábrica de yogures donde es necesaria la aportación de calor a diversos procesos de elaboración. Como técnico encargado del diseño de las instalaciones, debe decidir el tipo de combustible que va a emplear en la cadera. El único criterio que debe respetar es el de obtener el mayor rendimiento de la combustión, así como la mejor eficiencia de la instalación.

SOLUCIÓN

Debido a los criterios expuestos, el proceso más eficiente sería emplear calderas de combustibles gaseosos debido a que se produce una mezcla perfecta con el comburente (aire), obteniéndose procesos con mayores rendimientos que para combustibles líquidos o sólidos. Además podría dotar la instalación de un sistema de cogeneración donde poder generar electricidad y calor mediante una caldera de gas, consiguiéndose de este modo una instalación muy eficiente.

Otra ventaja que presenta el empleo de combustibles gaseosos es que no generan residuos en la caldera, como en el caso de emplear combustibles sólidos.

4. Resumen

La combustión es una reacción química donde la mezcla de combustible con comburente produce energía que puede ser aprovechada tanto para calentar como para generar energía.

Los combustibles pueden ser de tipo sólido, líquido o gaseoso, y provenir tanto de fuentes naturales como artificiales; aunque para obtener mayores rendimientos, los combustibles suelen tratarse para mejorar sus características.

Los diagramas de combustión permiten realizar cálculos de combustión de una forma precisa y rápida, por lo que su manejo constituye una herramienta muy útil para el diseñador de instalaciones de calefacción mediante combustibles.

El tipo de combustible a emplear en una instalación debe ser seleccionado conforme a los criterios específicos que debe reunir la instalación, atendiendo a las características técnicas de la misma, buscando siempre la optimización y eficiencia del proceso.

Ejercicios de repaso y autoevaluación

1. Para que se produzca una combustión, se necesita...

    a. ... combustible.
    b. ... comburente.
    c. ... energía de activación.
    d. Todas las opciones son correctas.

2. ¿Qué porcentaje de oxígeno y nitrógeno compone el aire?

_____

_____

3. La _____ es la energía mínima inicial que necesita ser aportada a un sistema para desencadenar una reacción química.

4. Relacione y escriba una relación de combustión con estos elementos.

    a. Metano
    b. Agua
    c. Oxígeno
    d. Dióxido de carbono

    ___ CO_2
    ___ O_2
    ___ CH_4
    ___ H_2O

5. Nombre los factores que modifican la velocidad de combustión.

_____

_____

_____

_____

6. Cite tres tipos de combustiones en función de las proporciones de combustible y comburente en la reacción.

_____

_____

7. Complete la oración.

La _____ es una reacción de combustión a muy alta velocidad, en la que no se produce explosión. Durante el proceso la llama avanza mediante la _____ de la energía. Este fenómeno se produce cuando el combustible es altamente inflamable.

8. Desde el punto de vista de la eficiencia, se buscan combustiones con...

    a. ... defecto de aire.
    b. ... el aire necesario.
    c. ... exceso de aire.
    d. Las opciones b y c son correctas.

9. El "coeficiente de exceso de aire" (n) es la relación entre la cantidad de aire introducida en el proceso de combustión y la necesaria. Un coeficiente de n = 1 indica...

    a. ... que se trata de una combustión estequiométrica.
    b. ... que se trata de una combustión con exceso de aire.
    c. ... que se trata de una combustión con defecto de aire.
    d. ... que la combustión ocurre a la presión de 1 atm.

10. Además de las proporciones de CO_2 y oxígeno necesarios, ¿qué se puede calcular mediante un diagrama de combustión?

_____

_____

11. La línea que divide el diagrama de Ostwald en dos zonas, una para las combustiones con exceso de aire y otra para las combustiones con defecto de aire, recibe el nombre de...

    a. ... línea de tierra.
    b. ... línea de combustión.
    c. ... línea de aire.
    d. ... línea de activación.

12. Rellene la tabla.

Diagrama de Ostwald, Diagrama de Keller, Diagrama de Kissel, Diagrama de Bunte.

Combustión completa	Combustión incompleta

13. ¿Qué diagrama se emplea para combustiones incompletas de gases?

¿Y para las combustiones completas?

14. ¿De qué tres fuentes se pueden obtener los combustibles líquidos?

15. De las siguientes afirmaciones, indique cuál es verdadera o falsa.

a. El gasóleo C se emplea en instalaciones de calefacción.

☐ Verdadero
☐ Falso

b. El gas Grisú está formado principalmente por propano.

☐ Verdadero
☐ Falso

c. La cáscara de almendra se emplea como combustible para calderas de biomasa.

☐ Verdadero
☐ Falso

Capítulo 3

Instalaciones calefacción y producción de ACS

Contenido

1. Introducción

Las instalaciones de calefacción y producción de agua caliente sanitaria (ACS) están compuestas por una gran variedad de elementos o dispositivos específicos necesarios para la distribución y aprovechamiento adecuado del calor generado en la caldera.

Los sistemas de Agua Caliente Sanitaria son aquellos que distribuyen agua de consumo sometida a algún tratamiento de calentamiento mediante un generador de calor, generalmente una cardera o termo.

Existen instalaciones que permiten acumular el calor mediante depósitos incrementando la inercia térmica del sistema y permitiendo la utilización de sistemas generadores de calor de una potencia inferior a la carga máxima puntual de la instalación. Los sistemas que empleen acumuladores de agua caliente mantendrán esta por encima de los 40 ºC, para evitar la proliferación de legionela.

2. Definiciones y clasificación de las instalaciones

Aquella instalación que aporta calor a una estancia, para evitar temperaturas demasiado bajas y establecer un confort térmico se denomina sistema de calefacción. En cambio, las instalaciones de ACS van encaminadas a satisfacer la demanda de agua caliente para el consumo sanitario (ducha, cocina, etc.).

2.1. Definiciones

La energía térmica por unidad de tiempo que proporciona una caldera, recibe el nombre de **potencia térmica.** En una caldera se pueden encontrar dos potencias térmicas, la potencia térmica total y la potencia térmica útil.

- **Potencia térmica total:** es la potencia máxima que podemos tener en la cámara de combustión de la caldera, es decir, la potencia máxima que aporta el combustible.

■ **Potencia térmica útil:** es la cantidad de potencia total que llega a absorber el fluido térmico.

El cálculo de las pérdidas de potencia en una caldera se obtiene realizando la diferencia entre la potencia térmica total y la útil. Estas pérdidas se producen por la disipación de calor a través de los humos al existir una diferencia de temperatura entre el ambiente y los gases de escape.

Para evaluar el rendimiento de una caldera se realiza el cociente entre la potencia útil y la total capaz de aportar la caldera:

$$\eta = \frac{P_{util}}{P_{total}} \, x100$$

La superficie de contacto del intercambiador que separa la cámara de combustión con el fluido de su interior, se denomina **superficie de calefacción** y es la encargada de realizar la transferencia de calor al fluido térmico.

Además de las altas temperaturas, las calderas producen presiones elevadas sobre el fluido térmico dentro de la caldera. De esta forma podemos diferenciar entre varias presiones que debemos tener en cuenta a la hora de diseñar una instalación:

■ **Presión de diseño:** es el valor de la presión estimada, que se emplea para la realización de los cálculos necesarios a la hora de diseñar los distintos elementos que componen la caldera. Generalmente se emplean presiones de diseño mayores de las que va a trabajar la caldera, para establecer los límites de diseño.
■ **Presión de servicio:** presión máxima que se prevé que pueda llegar a alcanzar la caldera durante su funcionamiento normal. Para que no se supere esta presión, la caldera cuenta con una serie de dispositivos de seguridad que limitan la posibilidad de sobrepasar dicho valor.

- **Presión de prueba:** para probar la estanqueidad de los diferentes dispositivos de la instalación, esta es sometida a una presión de 1,5 veces la presión timbre.

Definición

Presión de timbre
Presión máxima a la que estará sometida la caldera durante el tiempo de servicio.

Al igual que con la presión la temperatura juega un papel muy importante a la hora del diseño de una instalación térmica mediante caldera. Cuando se habla de la temperatura a la que trabaja una caldera, se refiere a la temperatura máxima que alcanza el fluido térmico en la caldera. En este caso también se establece una temperatura de diseño, que es la temperatura estimada que va a alcanzar el fluido. La temperatura de diseño se emplea para fijar la temperatura que han de soportar los distintos elementos de la caldera.

2.2. Clasificación

Las instalaciones de calefacción se pueden clasificar atendiendo a diferentes criterios.

Grado de abastecimiento

En función del grado de abastecimiento se pueden encontrar instalaciones de calefacción individual o colectiva. Cuando un mismo edificio abastece de calefacción a distintos propietarios del mismo, lo ideal es emplear un sistema de calefacción colectivo o centralizado, ya que presenta mejores rendimientos y menos pérdidas de calor, además de abaratarse los costes de instalación y mantenimiento así como la ocupación de un espacio más reducido.

Fuente de energía

En función de la fuente de energía empleada, podemos diferenciar los siguientes tipos de instalaciones para calefacción:

- **Calderas de carbón y leña.** Emplean como materia prima para generar calor fuentes vegetales o minerales como son el carbón o la leña.
- **Calderas eléctricas.** El aumento de la temperatura del fluido contenido en la caldera se produce gracias a una resistencia eléctrica.
- **Calefacción solar.** La calefacción solar consiste en aprovechar la energía térmica del sol para calentar un fluido que discurre por el interior de un colector.
- **Bomba de calor.** Aparato cuyo calor se genera termodinámicamente a través del cambio de estado de gas a líquido de un fluido refrigerante por medio de la acción de un compresor.
- **Calefacción por combustión líquida o gaseosa.** Consiste en realizar la combustión de un material líquido o gaseoso y aprovechar la energía que desprende para calentar un fluido.

La calefacción eléctrica puede ser de forma **directa** (radiador eléctrico, estufa, etc.), **indirecta** (calentadores de agua) o por **acumulación** (radiadores conectados con un termo eléctrico).

Los sistemas de calefacción solar pueden ser **activos o pasivos.** En los sistemas pasivos la energía térmica se genera sin la necesidad de emplear ningún medio mecánico, el calentamiento de agua en colectores solares es un sistema pasivo. En cambio, los sistemas activos emplean energía solar térmica que posteriormente transforman mediante una serie de elementos en electricidad que puede ser aprovechada para instalaciones de calefacción.

En función del esquema empleado en la distribución del calor, pueden ser instalaciones monotubo, donde los emisores de calor están colocados en serie y el calor que llega al último emisor es menor que el que entra en el primero; o instalaciones bitubo donde todos los emisores se instalan en paralelo y por tanto todos están a la misma temperatura.

Instalación monotubo y bitubo

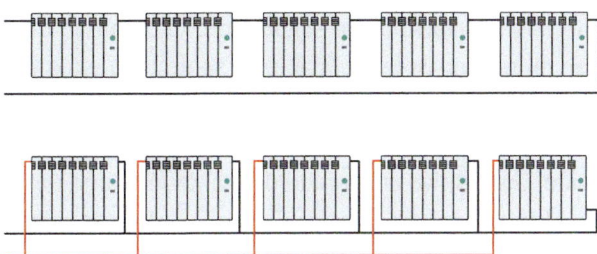

Actividades

1. Realice un esquema que recoja los tipos de instalaciones de calefacción existentes, acompañe el esquema de imágenes.

3. Partes y elementos constituyentes

Las instalaciones de calefacción constan de los siguientes **componentes:**

- **Generador:** es el elemento que produce el calor que después será utilizado para calentar la instalación. Generalmente se emplean calderas, donde se llevan a cabo el proceso de combustión entre el combustible (gas, fuel, gasóleo, carbón, etc.) y el comburente (generalmente aire), en la caldera se produce la energía calorífica que será trasmitida al fluido en (agua, vapor o aceites térmicos) en el intercambiador.
- **Emisores:** también llamados radiadores, están formados por una serie de conductos en su interior por los que circula el fluido proveniente del generador. El emisor es el encargado de realizar la transmisión de calor entre el medio y el fluido térmico por medio de aletas térmicas. Los emisores pueden conectarse en serie o en paralelo.
- **Circuito:** está formado por el conjunto de tuberías convenientemente aisladas que unen el emisor o emisores con el generador. El circuito permite distribuir el fluido en toda la instalación.

- **Válvulas de seguridad:** las instalaciones de calefacción deben disponer de las pertinentes válvulas de seguridad que permitan disipar sobrepresiones en el interior de la instalación y sobre todo en la caldera.
- **Termómetro:** las calderas disponen de termómetros que permiten controlar la temperatura de funcionamiento.
- **Termostato:** dispositivo encargado de mantener a una determinada temperatura el fluido del circuito.
- **Manómetro:** dispositivo que realiza la medición de la presión a la que se encuentra la instalación de calefacción.

Elementos de una instalación de calefacción

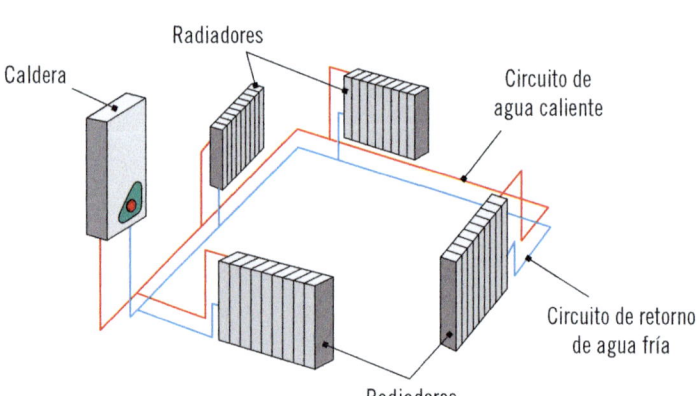

Los **elementos básicos** que conforman una instalación para la producción de ACS son:

- **Intercambiador.** Para conservar las características sanitarias, el agua procedente de la caldera debe estar separada del agua de consumo, los elementos que cumplen esa función reciben el nombre de intercambiadores. Los intercambiadores pueden ser de dos tipos: tubulares o de placas.

  - Tubular. Consta de un serpentín tubular por el interior del cual discurre el agua caliente calentada, este serpentín a su vez está en contacto por su parte externa con el agua de consumo contenida en un acumulador. El calentamiento se produce por el intercambio térmico entre el agua del depósito y el agua proveniente de la caldera.

■ De placas. El proceso de intercambio de calor es similar al tubular pero en lugar de emplear un serpentín tubular se emplean placas como superficie de intercambio térmico.

Intercambiador tubular y de placa

■ **Depósito.** El depósito es un recipiente que permite acumular agua, estos pueden estar construidos en acero inoxidable, acero con resinas y tratamientos especiales o acero con esmalte vitrificado. Además, los depósitos de acumulación de ACS pueden disponer en su interior de intercambiadores convirtiéndose en interacumuladores.

■ **Válvula de regulación.** En instalaciones de ACS se emplean dos tipos de válvulas: motorizadas y termostáticas. En ambos casos el cuerpo de la válvula trabaja con agua de consumo.

■ **Bomba de circulación.** Tanto el circuito cerrado de la caldera como el circuito de abastecimiento de agua caliente disponen de bombas para facilitar la circulación del fluido.

■ **Contador.** En las instalaciones de ACS se requieren contador en la entrada general del agua fría, para establecer el consumo de agua de la vivienda o edificio.

Instalación de ACS

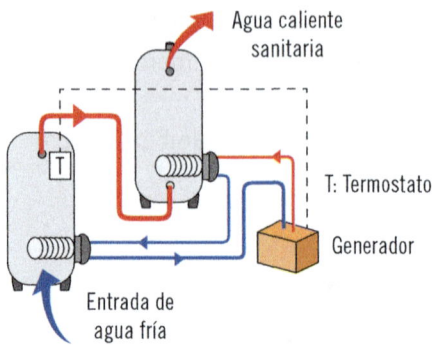

Actividades

2. Investigue en su vivienda las instalaciones de calefacción y agua caliente sanitaria. Identifique cada una de sus partes y realice un esquema que recoja estos elementos.

Aplicación práctica

Va a diseñar la instalación de calefacción de un edificio residencial, en cuya planta baja hay dos locales comerciales. La empresa en donde trabaja tiene varios proveedores de calderas y material para calefacción. Después de buscar las calderas que mejor se ajustan a la instalación en cuanto a dimensiones y precio, debe seleccionar finalmente una y el criterio en el que se va a basar será el rendimiento. A continuación, se muestra una tabla que recoge los datos necesarios, para su cálculo.

Caldera A	Caldera B
Pot. útil = 9,7 kW	Pot. útil = 98,5 % P. Total
P. Total = 10 kW	P. Total = 9,9 kW

Continúa en página siguiente >>

<< Viene de página anterior

SOLUCIÓN

El cálculo del rendimiento de una caldera se obtiene de la ecuación:

$$\eta = \frac{P_{util}}{P_{total}} \, x100$$

Aplicándola en la caldera "A", se tiene:

$$\eta = \frac{9,7}{10} \cdot 100 = 97 \, \%$$

En la caldera "B" nos dice que la potencia útil es el 98,5 % de la potencia total, por lo que nos están aportando directamente el rendimiento que presenta la caldera, que en ese caso es de 98,5 %.

Comparando ambos rendimientos se tiene que la caldera B es la que presenta mejor rendimiento y, por tanto, será la que se seleccione para la instalación.

4. Análisis funcional

Las instalaciones de calefacción y agua caliente sanitaria (ACS) generan el calor que se necesita para los servicios comunitarios de una vivienda o edificio residencial. El calor se produce gracias al conjunto quemador-caldera-chimenea.

La combustión se produce en el quemador que libera la energía contenida en el combustible. Esta energía en forma de calor es transmitida a un fluido que discurre por el interior de un circuito, bien para usarse en calefacción o para ACS.

Posteriormente los gases resultantes de la combustión deben ser expulsados a través de la chimenea.

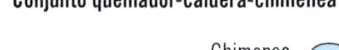

Conjunto quemador-caldera-chimenea

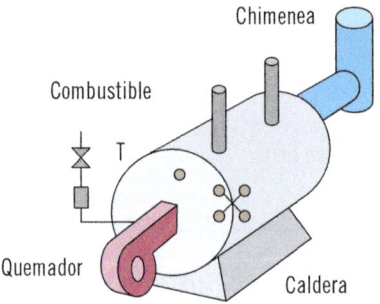

El sistema de calefacción funciona extrayendo aire frío que pasa a ser calentada por un intercambiador térmico que contiene un fluido calentado en la caldera hasta alcanzar la temperatura adecuada, el paso del aire por el intercambiador eleva su temperatura de forma que mantiene una temperatura de confort en el interior de una vivienda.

? Sabía que...

Los radiadores deben colocarse cerca de las ventanas donde el rendimiento térmico es mayor debido al salto térmico entre el aire frio del exterior y el aire caliente del interior.

La instalación de ACS emplea el calor producido en la caldera para transmitírselo al agua de consumo. Hay tres formas de producir el agua caliente sanitaria de una vivienda o edificio:

- **De forma instantánea:** donde un intercambiador térmico cubre de forma puntual la demanda de agua caliente de la vivienda.
- **Mediante acumulación:** los sistemas de acumulación son depósitos que mantienen en todo momento el agua a una determinada temperatura de forma que la potencia necesaria para cubrir el consumo de agua es menor y por tanto es menor el gasto energético.
- **Mediante semiacumulación:** son sistemas mixtos que disponen, tanto de un acumulador para cubrir el consumo medio, como de un intercambiador térmico que cubre el abastecimiento de ACS en aquellos momentos puntuales donde la demanda energética es superior a la media.

Actividades

3. Explique la diferencia que existe entre un intercambiador de tipo serpentín y otro de placa.

5. Calderas

La caldera es una máquina diseñada para generar calor en su interior mediante un proceso de combustión, para posteriormente transmitir ese calor a un fluido que sirve para calentar agua sanitaria o calefactar un recinto mediante intercambio térmico; el fluido empleado puede ser agua directamente u otro fluido térmico. Las calderas también pueden emplearse para la producción de vapor que genere energía eléctrica al mover una turbina.

En una caldera se busca obtener la mayor eficiencia térmica del proceso de combustión y disminuir al máximo posible las pérdidas de energía que se producen en los intercambios de calor.

5.1. Componentes

Las partes que componen fundamentalmente una caldera son:

- **Quemador:** es el elemento principal de la caldera; el quemador se encarga de realizar la mezcla del combustible con el comburente, cercanos a la combustión estequiométrica, para obtener el mayor rendimiento posible de la combustión.
- **Cámara de combustión:** también llamada hogar es el elemento de mayor volumen en el interior de la caldera, en este habitáculo se produce la reacción de combustión.
- **Escape de humos:** la combustión genera desechos que en su mayoría son humos y gases, los cuales se vierten hacia el exterior mediante un conducto que une la cámara de combustión con la chimenea.
- **Intercambiador de calor:** es el elemento encargado de realizar la transferencia de energía térmica, resultante de la combustión, con el fluido térmico. El intercambiador es un dispositivo que debe estar correctamente diseñado para reducir al máximo posible las pérdidas térmicas por intercambio de calor.

Partes de una caldera

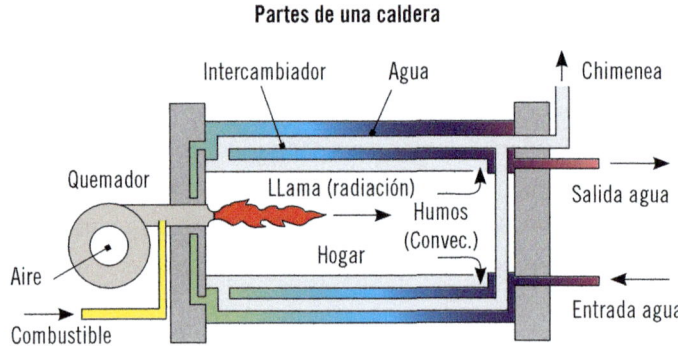

Además de estos elementos, existen otros dispositivos secundarios que montan las calderas con el fin de mejorar la eficiencia y tener un mayor control de los procesos. Algunos de estos dispositivos son:

- Reguladores.
- Válvulas.
- Aislamiento.
- Bastidores.
- Válvulas y elementos de seguridad.
- Compuerta de limpieza.
- Conducto de alimentación automático.
- Sistema de vaciado.
- Etc.

5.2. Funcionamiento

Las calderas son aparatos o dispositivos que se emplean tanto para climatizar una estancia como para proporcionar ACS. Su funcionamiento se basa en quemar un combustible para generar calor que es transmitido de forma eficiente a un fluido. Las calderas también se pueden emplear para generar vapor y accionar una serie de mecanismos o generar energía mediante el movimiento de una turbina, en este caso se denominan calderas o máquinas de vapor.

Como se ha visto anteriormente, las calderas están formadas por una cámara de combustión u hogar, uno o varios quemadores, el circuito del fluido y otros dispositivos.

Caldera para calefacción

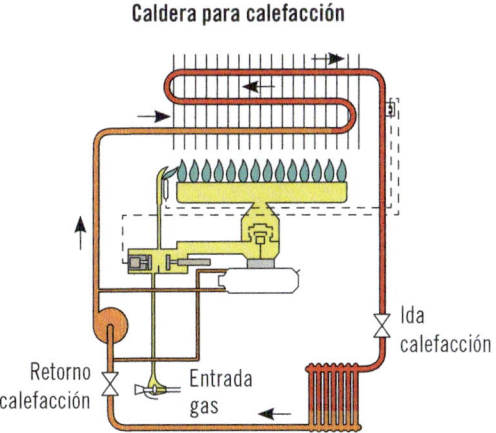

Ida calefacción

Retorno calefacción

Entrada gas

Para un sistema de calefacción la caldera funciona del siguiente modo: primero se introduce el combustible en la cámara de combustión, que junto con la correcta proporción de aire y una chispa se produce la reacción de combustión. La llama producida en la cámara de combustión transfiere el calor producido a un conducto con forma de serpentín en cuyo interior se encuentra el fluido térmico. El serpentín está conectado con la red de tuberías del sistema de calefacción, por lo que el fluido directamente calentado circula directo hacia los emisores de calor. La circulación del fluido se realiza gracias a una bomba que introduce presión para llevar a cabo esta acción.

En el caso de las calderas para ACS, el funcionamiento es similar a las de calefacción. En algunos casos, sobre todo para calderas de ACS, el agua que se consume no ha sido directamente calentada por la caldera, sino que se ha realizado a través de un fluido térmico contenido en el interior de la caldera que mediante un serpentín traslada el calor al ACS. El fluido térmico y el agua nunca llegan a estar en contacto, de esta forma el fluido puede estar tratado con una serie productos químicos que aumentan la vida útil de la caldera.

Caldera de ACS con doble serpentín

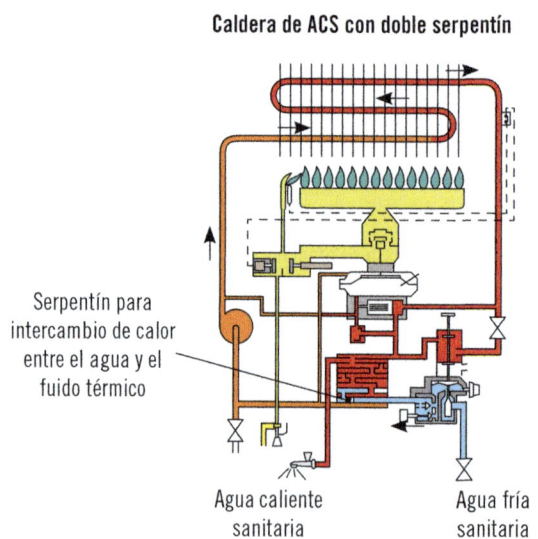

Serpentín para intercambio de calor entre el agua y el fuido térmico

Agua caliente sanitaria

Agua fría sanitaria

5.3. Clasificación

La clasificación de las calderas puede atender a varios criterios, que se exponen a continuación.

Según el combustible empleado

Dependiendo del estado del combustible que emplean en la combustión, se encuentran los siguientes tipos de calderas:

- **Calderas con combustibles sólidos.** Las calderas de combustibles sólidos emplean como materia prima leña o carbón. Estas calderas instalan unas parrillas donde se realiza la combustión, que puede estar automatizada mediante un termostato, para regular la compuerta del tiro de la chimenea y así con ella la intensidad de la combustión. Requieren un mantenimiento muy continuo, ya que es necesario limpiar las cenizas que se generan en el proceso.
- **Calderas con combustibles líquidos.** Las calderas de combustibles líquidos emplean el fuel oil y el gasóleo como combustibles. Este tipo de combustibles presenta la ventaja que son más limpios que los combustibles sólidos, sin embargo requiere del uso de quemadores que los pulvericen o vaporicen el combustible para conseguir una combustión adecuada.
- **Calderas con combustibles gaseosos.** Los gases, por su facilidad a la hora de mezclarse con el aire, obtienen mejores rendimientos en la combustión, además permiten controlar el proceso. El inconveniente que presenta está en la peligrosidad de su transporte, almacenamiento y distribución debido a la fácil inflamabilidad de estos.

Definición

Tiro

El comburente que se emplea en las calderas es principalmente aire; este debe ser suministrado de forma continuada durante el proceso de combustión, por lo que esa entrada y salida de aire continua en la caldera recibe el nombre de tiro.

Según su diseño

Según el diseño de la caldera podemos encontrar dos tipos, las calderas de tipo pirotubulares y las de tipo acuotubulares.

- **Calderas pirotubulares.** En las calderas pirotubulares tanto la cámara de combustión, como los conductos de paso y salidas de humos están sumergidos en agua, quedando todo el conjunto envuelto en una carcasa aislada térmicamente. Los tubos trabajan como intercambiadores, de forma que el calor liberado en la combustión se transfiere mediante la superficie de los tubos al agua que lo envuelve.
  Las calderas pirotubulares se emplean tanto para combustibles líquidos o gaseosos, ya que consiguen rendimientos muy altos durante su funcionamiento.

Caldera pirotubular

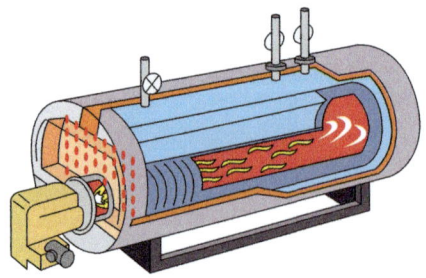

- **Calderas acuotubulares.** El diseño de estas calderas hace que el fluido térmico circule por dentro la cámara de combustión en el interior de unos tubos, de esta forma el fluido está en contacto directo con la fuente de calor (gases y llamas) producidas en la caldera.

  Este tipo de calderas permiten trabajar a mayores presiones y por tanto potencias que las calderas pirotubulares.

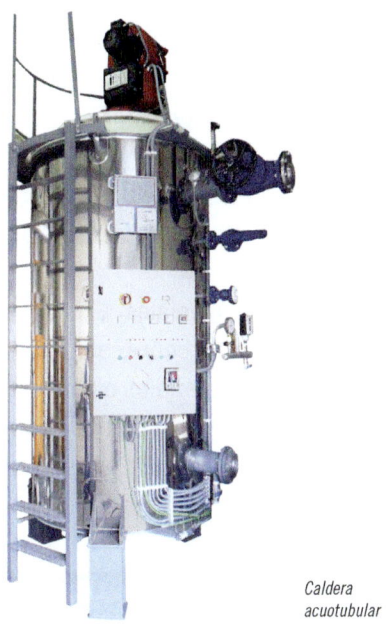

*Caldera
acuotubular*

Según el material de construcción

Las calderas deben construirse de un material resistente al tiempo y a los cambios de temperatura, sin llegar a ser un material costoso, los materiales más comunes son:

- **Calderas de hierro fundido.** Donde los elementos principales de la caldera son de hierro fundido que se unen entre ellos mediante manguitos. La unión de estos elementos forma el hogar o cámara de combustión de la caldera en cuyo interior circula el fluido térmico. Todo el bloque queda sellado dentro de una carcasa de acero aislada térmicamente para reducir las pérdidas de calor en la caldera.

Casi todas las calderas domésticas emplean esta construcción.

Su construcción mediante uniones por manguitos, presenta la ventaja de poder repararse y sustituir algunos de sus elementos deteriorados por otros nuevos.

- **Calderas de chapa de acero.** En su construcción se emplean chapas o tubos de acero al carbono, que se sueldan entre sí eléctricamente. La mayoría de las calderas se construyen mediante éste método ya que presentan un peso menor que las de hierro fundido y son más fáciles de instalar. Además esta clase de calderas puede emplear cualquier tipo de combustible.

  Generalmente las calderas de chapa de acero al carbono presentan mejores rendimientos térmicos que con las de fundición, sin embargo su vida útil es más corta.

- **Calderas de materiales especiales.** Existen algunas calderas construidas con otros materiales como cobre, aluminio o acero inoxidable, que se usan para aplicaciones especiales o por condiciones de diseños y estética. Generalmente su uso es decorativo, para generar agua caliente sanitaria o calefacción doméstica a la vez que presenta una bonita estética.

Caldera de acero

Según el funcionamiento de la cámara de combustión

Para que se produzca la reacción de combustión las calderas necesitan tomar aire del exterior, según la forma con la que lleva a cabo la alimentación de aire, podemos distinguir los siguientes tipos de calderas:

- **Calderas atmosféricas.** Son calderas que trabajan con la toma de aire directa del ambiente y cuentan con un tiro natural en el que circula el aire por la diferencia de densidad existente entre el aire exterior de la caldera y los humos calientes que se generan en el interior de la misma. Lo dificultoso de las calderas atmosféricas es evitar una ventilación deficiente ya que provocaría la combustión incompleta y por tanto la existencia de gases tóxicos.
- **Calderas en depresión.** En esta clase de calderas la cámara de combustión se encuentra en depresión, es decir la presión en la cámara de combustión es inferior a la atmosférica, al llevar instalado un ventilador que fuerza a los humos a salir por el tiro de la caldera. Estas calderas aseguran que los humos quedan fuera del recinto donde está instalada la caldera.
- **Calderas en sobrepresión.** En este diseño se busca que la presión en el hogar sea superior a la atmosférica, para que de esta forma los gases de escape se vean forzados a salir por el tiro. Las calderas en sobrepresión hacen que el aire circule más rápido en su interior.
- **Calderas estancas.** Las calderas estancas disponen de un ventilador que fuerzan el tiro y además montan un doble conducto que permite la evacuación de humos y la entrada de aire del exterior hasta la cámara de combustión.

Según el fluido térmico

Aunque la gran mayoría de las calderas emplean agua como fluido térmico, este puede presentarse en diferentes estados, o alcanzar diversas temperaturas y presiones; según estas características encontramos las siguientes calderas:

- **Calderas de agua.** Las calderas que emplean agua como fluido térmico, se emplean fundamentalmente para sistemas de calefacción doméstica.

El sistema consiste en calentar el agua hasta temperaturas cercanas a los 90 ºC, sin alcanzar el punto de ebullición del agua.

- **Calderas de agua sobrecalentada.** En este caso también se emplea el agua como fluido térmico pero se calienta por encima de los 150 ºC llegando a alcanzar los 200 ºC. Para alcanzar dichas temperaturas manteniendo el agua líquida sin que pase a su estado de vapor, es necesario aumentar la presión hasta valores cercanos a los 20 bar. Estos sistemas se emplean para sistemas industriales.

- **Calderas de vapor.** Estas calderas emplean vapor de agua como fluido térmico; trabajan con presiones de más de 10 bares y temperaturas comprendidas entre 200 ºC y 400 ºC. Se emplean fundamentalmente para la calefacción industrial, de locales comerciales y de viviendas.

- **Calderas de aceite.** Son calderas donde el fluido térmico es distinto del agua, generalmente se emplean aceites que permiten guardar el calor por más tiempo.

Según la temperatura de escape de los gases

Se pueden diferenciar dos clases de calderas en función de la temperatura de escape de sus gases de combustión.

- **Calderas estándar.** En las calderas estándar la temperatura de los humos debe ser superior a 70 ºC, para evitar la condensación del agua resultante del proceso de combustión, evitándose problemas por corrosión. La expulsión de los gases de escape calientes produce pérdidas de energía en la caldera.

- **Calderas de condensación.** Se diseñan para evacuar los gases de escape a una temperatura cercana a la temperatura ambiente, para evitar pérdidas de calor en la caldera y recuperar el calor latente de la condensación del vapor de agua. Las calderas de condensación presentan mejores rendimientos respecto a la estándar.

Actividades

4. Indique las partes que componen el siguiente quemador.

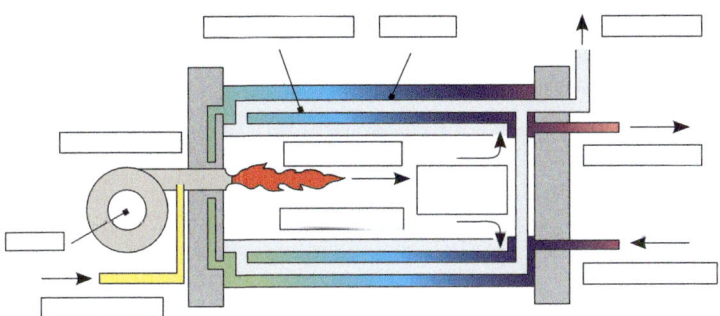

Aplicación práctica

Un cliente ha llamado a la empresa en la que trabaja, solicitando un presupuesto para la sustitución de su caldera antigua. Usted es el trabajador que se dedica a hacer los presupuestos y debe elegir un tipo de caldera de similares características, de manera que se ajuste a la instalación ya existente para que el desembolso económico del cliente sea el menor posible.

Los datos que conoce de la instalación existente y de la anterior caldera son:

I Trabajaba con gasóleo C como combustible.
I Los conductos de paso y salidas de humos están sumergidos en agua.
I Carece de ventilador.
I Tiene un termómetro limitador a 90 ºC.

Según estos datos, ¿de qué tipo de caldera se trata?

Continúa en página siguiente >>

<< Viene de página anterior

SOLUCIÓN

Al emplear gasóleo C como combustible, se trata de una caldera para combustibles líquidos. También se sabe que es atmosférico porque realiza un tiro natural, ya que no monta
ventilador; además se trata de una caldera pirotubular porque los conductos de paso y
salida de humo están sumergidos. Por último, la caldera deberá ser de tipo doméstica de
agua porque la instalación no puede supera los 90 ºC.

6. Quemadores

La función de los quemadores es preparar la mezcla de combustible y comburente para realizar la combustión en unas condiciones ideales. La elección
correcta del quemador permitirá realizar combustiones de calidad, donde se
aproveche al máximo el poder energético del combustible. Una buena combustión en las proporciones adecuadas genera menor cantidad de residuos.

Los quemadores más empleados en la actualidad son los de combustibles
líquidos y gaseosos por su facilidad de manejo, suministro, almacenaje, además de conseguir una mezcla casi perfecta con el comburente.

Partes de un quemador

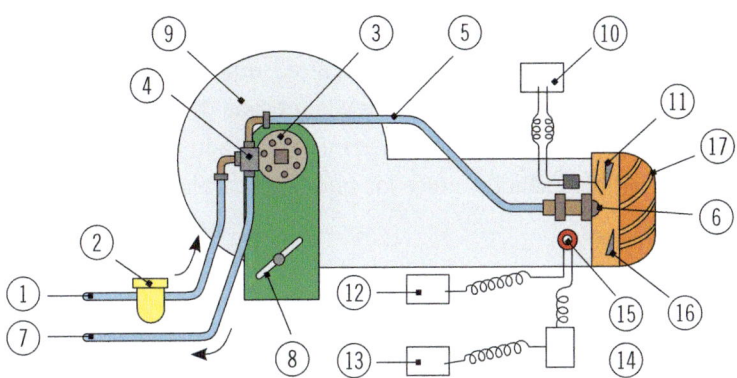

1. Conducto de llegada del combustible
2. Filtro
3. Bomba
4. Regulador de presión
5. Conducto de la alimentación al gliceur
6. Gliceur (pico)
7. Conducto de retorno de combustible
8. Válvula de regulación de aire
9. Ventilador
10. Transformador
11. Electrodo
12. Contactor
13. Motor
14. Relais
15. Célula fotorresistente
16. Deflector
17. Boca

Por otra parte, el quemador también es el responsable de regular la cantidad de combustible a quemar, adaptando su consumo a potencia necesaria para el sistema.

Sistemas de regulación para quemadores:

- **Sistema de regulación todo/nada:** se emplean en quemadores de una llama donde, sea cual sea las necesidades térmicas siempre suministran el máximo potencial cuando está en marcha.
- **Sistema escalonado:** se emplea en quemadores de dos llamas o más donde la regulación se ejecuta haciendo funcionar bien todos los quemadores o parte de ellos en función de la carga térmica requerida.
- **Sistemas modulantes**: se emplean en calderas de gran potencia, que montan quemadores modulares con la capacidad de regular potencia de funcionamiento suministrando siempre la cantidad de combustible necesaria y no un exceso.

6.1. Quemador de combustibles sólidos

El empleo de combustibles sólidos acarrea una serie de inconvenientes, tales como el suministro correcto de aire y la retirada de los residuos generados en la combustión. Así puede encontrarse en el mercado una serie de quemadores para combustibles sólidos, entre los que destacan los siguientes.

Quemador de parrilla

Esta clase de quemadores emplean parrillas sobre las que se coloca el carbón o la leña, luego el aire de la combustión se hace pasar por debajo de la parrilla de forma ascendente a través del carbón. El proceso de suministro de aire puede ser por tiro forzado o natural. Generalmente estos quemadores se emplean para calderas domésticas de pequeñas dimensiones por la dificultad de la retirada de las cenizas.

Quemador de parrilla

Quemadores de parrilla móvil

El funcionamiento de los quemadores de parrilla móvil es similar a los de parrilla simple, pero en este caso el quemador cuenta con una cinta transportadora o cadena plana sobre la que se vierte el combustible sólido. Con este mecanismo se consigue controlar la combustión variando la velocidad de suministro de combustible de la cinta transportadora; además se puede controlar la altura a la que se encuentra el combustible y la cantidad de aire suministrada.

También soluciona el problema de la retirada de las cenizas, ya que la cinta las transporta hacia una tolva cuando se ha consumido todo el combustible. Este sistema se utiliza para calderas industriales.

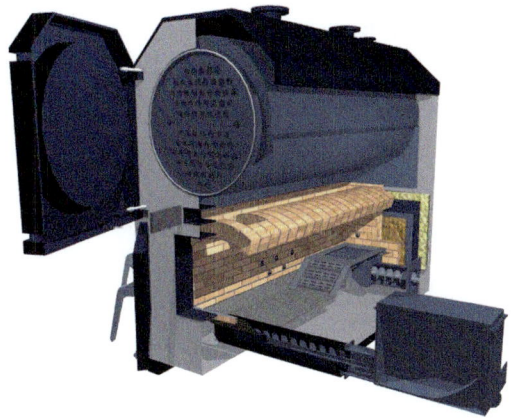

Quemador con parrilla móvil para horno

Quemador con alimentación inferior

En los quemadores con alimentación inferior el combustible llega hasta el hogar por el impulso de un tornillo sin fin. En la parte alta del tornillo sin fin el combustible es vertido en el interior de la caldera. El quemador dispone de orificios a través de los cuales se introduce el aire necesario para la combustión.

Quemador con alimentación

6.2. Quemadores de combustibles líquidos

La materia prima de los combustibles líquidos es el gasóleo C o fuel-oil. Los quemadores de combustibles líquidos realizan las siguientes funciones:

- Pulverizar el combustible en la cámara de combustión para que se mezcle de forma íntima con las partículas de aire.
- Establecer la proporción constante de la mezcla combustible-aire.
- Asegurar la cantidad de aire suficiente para realizar una combustión perfecta.

Pulverizar el combustible, facilita que las partículas de combustible se mezclen adecuadamente con el aire. Para poder pulverizar un combustible, este debe presentar una viscosidad adecuada.

El combustible se puede pulverizar bien por rotación, por inyección o por presión.

- **Por rotación:** el combustible alojado en el interior de una caja se hace girar hasta descomponerlo en gotas que posteriormente son arrastradas por un torrente de aire.
- **Por inyección:** el combustible se atomiza por medio de un inyector.
- **Por presión:** se hace circular el combustible a presión a través de una tobera conectada con la cámara de combustión.

Definición

Tobera

Dispositivo con una geometría de doble embudo, que convierte la energía potencial de un fluido en energía cinética.

Tobera

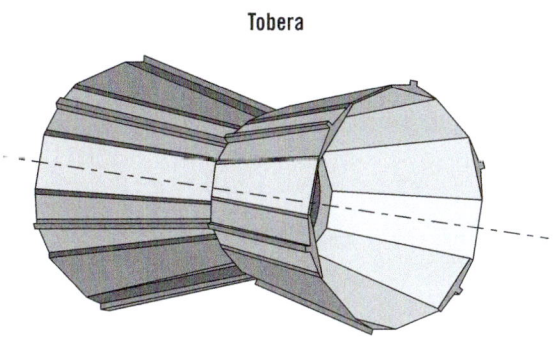

Las partes de un quemador para combustibles líquidos son:

- Bomba de combustible.
- Boquilla de pulverización.
- Ventilador.
- Cabezal de combustión.
- Regulador de aire.
- Electroválvula.
- Fotocélula.
- Sistema de mando.

Los quemadores de combustibles líquidos basan su funcionamiento en un proceso que se desarrolla en varias fases; primero se realiza un barrido previo de la cámara de combustión; mediante un torrente de aire limpio se eliminan las impurezas existentes en el hogar de combustiones anteriores. El barrido se lleva a cabo cuando se pone en marcha el quemador. Al mismo tiempo, se pone en marcha la bomba de combustible. Después el sistema de encendido es el encargado de producir las chispas de encendido en los electrodos. Cuando se abre la electroválvula, se introduce el combustible pulverizado en la cámara de combustión que mediante la chispa provoca el encendido de la mezcla. Finalmente una fotocélula controla el encendido desconectando el transformador, momento en el cual comienza el funcionamiento normal del quemador donde se controla la llama para que no se extinga.

Quemador de combustible líquido

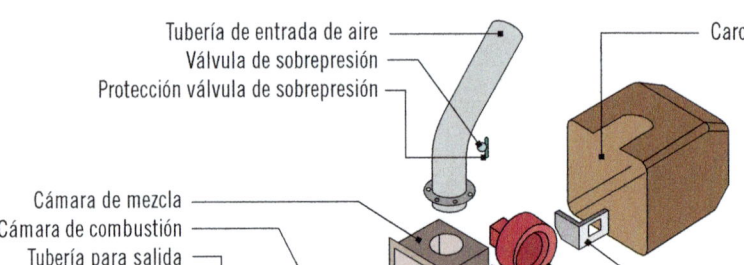

Tubería de entrada de aire — Carcasa
Válvula de sobrepresión
Protección válvula de sobrepresión

Cámara de mezcla
Cámara de combustión
Tubería para salida
de gases
Boquilla

Control de entrada
de llama
Ventilador
Detector de llama

Carcasa
Válvula de inyección de combustible
Boquillas difusoras
Tubería difusor combustible

6.3. Quemadores de combustibles gaseosos

Los quemadores de combustibles gaseosos presentan la ventaja de su facilidad para mezclar el combustible con el aire y, por tanto, obtener un gran rendimiento del proceso. Por el contrario, es muy importante controlar la velocidad de salida del gas, para evitar el retroceso o desprendimiento de la llama.

Los quemadores para combustibles gaseosos pueden ser atmosféricos o presurizados.

Los **atmosféricos** emplean el efecto Venturi para hacer la mezcla de gas y aire en la cámara. Parte del aire es aspirado para la combustión y parte para mantener la llama. El quemador se regula variando la presión de alimentación de gas.

 **Definición**

Efecto Venturi
Se produce cuando un fluido circula por el interior de una tobera; al pasar por la zona más estrecha disminuye su presión y aumenta su velocidad.

Los **quemadores presurizados** tienen un funcionamiento similar a los quemadores de combustibles líquidos. Para controlar el suministro de gas se instala un dispositivo para formar una llama en línea. La función de la llama en línea además de controlar y regular la alimentación de gas, actúa como sistema de seguridad.

 Actividades

5. Realice un esquema que recoja los tipos de quemadores existentes.
6. ¿Qué similitudes encuentra entre un quemador de líquidos y otro de gases?

 Aplicación práctica

Trabaja en un taller de suministros y reparaciones para material industrial. Acaba de llegar un cliente para comprar recambios para un quemador de una caldera que se encuentra defectuoso. Identifique de qué tipo de quemador se trata sabiendo que dispone de un pequeño depósito que suministra el combustible al girar sobre su propio eje.

SOLUCIÓN

El esquema de funcionamiento descrito se emplea en sistemas de inyección rotativos para combustibles líquidos, donde al girar el depósito el combustible es pulverizado y suministrado al quemador.

7. Acumuladores e interacumuladores de agua caliente sanitaria

Los depósitos para la acumulación de ACS pueden ser interacumuladores o simplemente acumuladores, la diferencia entre ellos está en la existencia o no de intercambiador en su interior.

La elección de un determinado depósito se basa únicamente en el material con el que están fabricados, que puede ser acero inoxidable, acero con esmalte vitrificado y acero tratado con resinas.

Los depósitos debe ser capaces de soportar la presión y la temperatura de funcionamiento normal. Para prevenir la aparición de legionelosis, la temperatura de almacenamiento del agua será superior a 70 °C.

Los depósitos cuentan con una conexión de entrada de agua y dos de salida, una salida de ACS destinada al consumo y otra destinada al vaciado para la purga del depósito. Además de las tomas para el conexionado de los intercambiadores de placa o serpentín, las tomas para los sistemas de regulación, termómetros, válvula de seguridad, las protecciones catódicas, etc. Los depósitos inferiores a 750 litros cuentan además con un registro para limpieza.

7.1. Acumuladores

Su cometido es el de almacenar ACS para ser consumida en cualquier momento. Los acumuladores montan un intercambiador externo, que junto con la bomba hace que el agua circule por su interior para ser calentada.

Las instalaciones con acumuladores requieren además una bomba adicional, que mueva el agua entre los distintos depósitos y los intercambiadores de la instalación. Generalmente se emplea un conexionado de tipo directo a la entrada de agua fría al depósito y al intercambiador y con salida al mismo depósito y a la red de consumo; este esquema es fácil de montar además de emplear menos material y por tanto reducir costes en la instalación.

La sonda del depósito es la encargada de poner en marcha tanto la bomba de primaria como secundaria, controlando la aportación de agua mediante válvulas.

Cuando la instalación requiere de más de un depósito de acumulación el conexionado de los depósitos se realizará en paralelo debido a su sencillez y mejor rendimiento. Si la conexión se realiza en serie se mejora la estratificación del agua en el depósito pero se reduce la capacidad de mezclar agua a distintas temperaturas, además de la complejidad de las conexiones.

Debido a la estratificación del agua en los depósitos se emplean depósitos verticales lo más estrechos y altos posible.

Depósito acumulador de agua

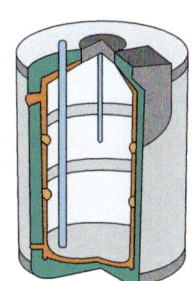

7.2. Interacumuladores

Los interacumuladores de doble envolvente, se emplean para instalaciones pequeñas. Estos acumuladores están rodeados por un circuito externo al depósito por el que circula el agua caliente procedente de la caldera.

Los de tipo serpentín, montan en el interior del depósito un intercambiador tubular de serpentín.

El conexionado de los interacumuladores debe realizarse siempre en paralelo, para que no existan depósitos con temperaturas muy descompensadas y sobre todo porque el conexionado en serie reduce excesivamente la potencia disponible de ACS.

Siempre que la instalación lo permita, es aconsejable realizar conexiones con retorno para que la temperatura en los depósitos sea la misma tanto en la producción como en el consumo de agua caliente.

Interacumulador de agua

 Actividades

7. ¿Qué clase de instalación de ACS dispone en su vivienda? Identifique el sistema de almacenamiento de agua, diferencie si se trata de un acumulador o interacumulador y explíquelo con sus palabras.

8. Depósitos de expansión

Los sistemas de expansión se emplean para compensar la variación de volumen que sufre el fluido de la instalación al ser calentado o enfriado. Además, los vasos de expansión permiten mantener la presión del circuito constante, así como evitar problemas producidos por el fenómeno de la cavitación.

Los vasos de expansión basan su funcionamiento en la acumulación de una pequeña cantidad de fluido extra, contenido en un depósito cerrado o abierto con una capacidad mayor, para albergar más fluido en caso de que este aumente su volumen. Además, los vasos de expansión reducen el nivel de ruido en la instalación y las pérdidas de esta.

Depósito de expansión

- **Depósito de expansión abierto.** Su función es la de almacenar el fluido que sobra en la instalación debido a la expansión térmica del mismo. Los depósitos de expansión abiertos deben colocarse en el punto más alto de la instalación, además de instalarse en zonas donde es poco probable la congelación de su contenido. No se recomienda la instalación de estos depósitos en el exterior.
- **Depósito de expansión cerrado.** El depósito de expansión cerrado encapsula en su interior una parte de fluido, que es la proveniente del circuito de la instalación y una parte que contiene gas o aire. Generalmente el fluido y el gas o aire están separados mediante membranas impermeables. El depósito de expansión cerrado funciona de manera que cuando el fluido aumenta su volumen térmicamente, la membrana se desplaza comprimiendo el gas, de esta manera se asegura una presión estable en el circuito.

? Sabía que...

Los depósitos de expansión se pueden diferenciar fácilmente de los acumuladores por su reducido tamaño en comparación.

9. Chimeneas

La expulsión de los humos de la combustión se realiza por medio de chimeneas. El material de las chimeneas debe soportar la corrosión que generan los productos de la combustión. Cuando existan más de una caldera debe optarse por instalar una chimenea para cada una en lugar de compartirla para evitar problemas en el funcionamiento del resto de las calderas y para facilitar futuras reformas en la instalación.

En el caso de existir una agrupación de calderas a gas de distintos propietarios, existen chimeneas colectivas para la agrupación de viviendas que eviten las interferencias en el funcionamiento del resto de calderas. En cualquier caso las chimeneas contarán con un registro accesible por su parte inferior, conectado mediante un sifón al desagüe, que servirá tanto para la evacuación de los productos condensados de la combustión, como para proteger de la posible entrada de agua procedente de la lluvia.

Chimenea

Las chimeneas deben montar sistemas de aislamiento térmico para que las partes directamente accesibles no alcancen temperaturas excesivas; en el caso de calderas de condensación donde los humos presentan temperaturas bajas, puede prescindirse de este aislamiento si se cree conveniente.

En aquellas calderas que instalen ventiladores para funcionamientos de tiro forzado, serán los propios fabricantes de calderas quienes deberán indicar cómo debe realizarse la evacuación de los humos en las chimeneas, estableciendo las longitudes máximas admisibles para el sistema e indicando el tipo de material de la chimenea.

 Aplicación práctica

Como técnico de diseño de instalaciones, ha proyectado una instalación mixta de ACS y calefacción, donde ambos circuitos se alimentan de la misma caldera. Revisando el esquema de la instalación observa que existen dos depósitos en serie y un tercer depósito de un tamaño bastante menor situado al mismo nivel de la instalación. Defina la conexión y los tipos de depósitos que va a emplear.

SOLUCIÓN

Los dos depósitos de mayor tamaño se corresponden con los sistemas de acumulación del circuito de ACS y no podrían ser interacumuladores ya que no pueden ir conectados en paralelo, por lo que en este caso se descartan para el montaje de este sistema. En cambio, los acumuladores se pueden montar en serie o en paralelo, por lo que en este caso se elegiría un montaje en serie de acumuladores y si es posible con conductos de retorno térmico.

Por otra parte, el depósito de menor tamaño se corresponde con un depósito de expansión del circuito de calefacción, que además al ir montado al mismo nivel que la instalación deberá ser de tipo cerrado.

10. Resumen

Un correcto diseño de una instalación de calefacción o de producción de agua caliente requiere conocer las partes y elementos constituyentes, además de ser capaces de realizar un correcto análisis funcional de la instalación, para examinar que cumple con los requerimientos del proyecto.

Elegir eficientemente el tipo de caldera exige conocer todos los tipos existentes, sus diferencias e identificar cuál se adapta mejor a la instalación objeto de estudio.

Los depósitos de agua pueden ser acumuladores o interacumuladores, en una instalación de ACS la elección de uno u otro dependerá de las posibilidades y los requisitos de la instalación, así como el consumo energético estimado.

Para mantener un correcto funcionamiento de las instalaciones de calefacción, se instalan depósitos de expansión que absorben las variaciones de volumen del fluido producidas por la variación térmica que sufre en su paso por la caldera.

Las calderas producen gases de combustión que deben ser convenientemente expulsados hacia el exterior mediante chimeneas. La incorrecta instalación de una chimenea provoca pérdidas en el rendimiento de la caldera además de suponer un riesgo, ya que pueden acumular dióxido de carbono, que es tóxico.

Ejercicios de repaso y autoevaluación

1. Las partes de un quemador para combustibles líquidos son:

_____

_____

_____

_____

2. ¿Qué tipos de instalaciones de calefacción se pueden encontrar según el tipo de fuente energética que emplee?

_____

_____

_____

_____

3. Escriba la ecuación que establece el rendimiento que presenta una caldera.

_____

_____

_____

_____

4. ¿Qué función desempeña la válvula de seguridad en una instalación de calefacción?

    a. Disipar presiones excesivas en la instalación y caldera.
    b. Evitar el sobrecalentamiento de la caldera.
    c. Medir la temperatura a la que se encuentra el fluido térmico.
    d. Establecer un límite térmico máximo para la instalación y tuberías.

5. En la siguiente imagen podrá ver una instalación de calefacción mediante emisores.

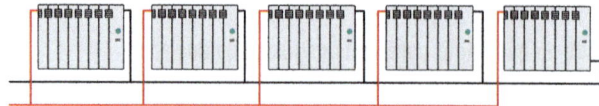

¿De qué tipo se trata? ¿Qué ventajas presenta respecto a otros tipos?

6. ¿Qué elemento básico de una instalación de producción de ACS facilita la circulación del fluido?

    a. La bomba de circulación.
    b. La válvula.
    c. El contador.
    d. La llave de paso.

7. Complete.

Los _____ de doble envolvente se emplean para instalaciones pequeñas, mientras que los _____ montan un intercambiador externo, que junto con la bomba hace que el agua circule por su interior para ser calentada.

Los _____ se emplean para compensar la variación de volumen que sufre el fluido de la instalación al ser calentado o enfriado.

8. ¿Cuál es la función de los quemadores? ¿Y la de un intercambiador de calor?

_____
_____

9. Indique si es verdadero o falso. En caso de ser falso, corríjalo.

Los tres métodos existentes para pulverizar los combustibles líquidos son por rotación, por precesión y por inyección.

10. ¿Qué diferencia existe entre una caldera de vapor y otra sobrecalentada?

_____

_____

11. Cuando se dice que es una caldera atmosférica, quiere decir que trabaja...

    a. ... con presiones medidas en atmósferas.
    b. ... con una circulación de aire de tiro natural.
    c. ... con sobrepresión atmosférica.
    d. ... con depresión atmosférica.

12. Relacione.

    a. Intercambiador
    b. Depósito
    c. Pirotubular
    d. Quemador

    __ Acumulador
    __ Combustibles líquidos o gaseosos
    __ Sistema modular
    __ Tubular o de placas

13. ¿Qué diferencia existe entre un quemador todo-nada y otro modular?

_____

_____

_____

_____

14. ¿Para qué tipo de calderas se emplean quemadores de parrilla?

    a. Calderas de combustibles sólidos.
    b. Calderas de combustibles líquidos.
    c. Calderas de combustibles gaseosos.
    d. Calderas atmosféricas o por presión.

Capítulo 4

Redes de transporte

Contenido

1. Introducción

En una vivienda el sistema de producción de calor suele encontrarse a cierta distancia del punto de consumo. Este hecho es todavía más palpable cuando se trata de un edificio de viviendas, donde por cuestiones económicas y técnicas, el centro de calderas o producción térmica se encuentra muy alejado del punto de consumo. Para trasladar toda esta energía se emplean tuberías y conducciones, así como sistemas aislantes que en su conjunto conforman el sistema de redes de transporte.

Generalmente para hacer circular el fluido por el interior de las tuberías es necesario que un dispositivo electromecánico ejerza cierta presión, de manera que dicha presión salve cualquier dificultad en su trazado.

Además, las redes de transporte deben contar con los correspondientes sistemas de seguridad, tales como válvulas, que les permitan desalojar presión o volumen excesivo alojado en el interior del sistema de conductos.

Las tuberías y conductos al trabajar con fluidos térmicos deben estar convenientemente aisladas, para evitar las pérdidas de calor durante el transporte, así también para reducir el peligro de quemaduras por contacto directo con superficies calientes.

2. Bombas. Tipos de bombas y características

Los conductos y circuitos de fluidos presentan un recorrido complicado y una serie de elementos que dificultan la circulación natural del fluido por su interior; para ayudar a la circulación del fluido, las redes de transporten disponen de bombas que aportan la presión necesaria.

En general la función de las bombas es transportar fluidos, ya sean fríos o calientes, además de que estos puedan contener elementos sólidos cuyo transporte por la red sea dificultoso. En la vida cotidiana, las bombas están presentes en numerosas instalaciones desempeñando distintas funciones; las principales funciones que desarrolla una bomba son:

- Transporte de fluidos térmicos en instalaciones de ACS y calefacción.
- Circulación de agua potable en la red de abastecimiento urbana.
- Circulación de agua residual y elevación de este cuando la instalación se encuentra por debajo del nivel de salida.
- Instalaciones para acuarios y fuentes.
- Sistemas de extinción de incendios.
- Sistemas para la lubricación y mantenimiento de la presión dentro de maquinaria industrial y térmica.
- Circulación de fluidos para sistemas de limpieza, riego, etc.

Sabía que...

El origen de las bombas se debió a la necesidad del hombre de transportar agua para regar las plantaciones.

Las bombas se componen fundamentalmente de los siguientes elementos:

- **Rodete:** son las palas en movimiento que desplazan el fluido por contacto directo.
- **Motor:** solidario al rodete mediante el eje es el encargado de producir el movimiento.
- **Carcasa:** envoltorio que cubre tanto el rodete como el motor. La carcasa debe ser estanca.

El rodete es uno de los elementos fundamentales que conforma una bomba; los rodetes pueden ser abiertos o cerrados, pero su característica principal se basa en como hace circular el agua en su interior, que puede ser de forma radial, semiradial o axial.

Tipos de rodetes

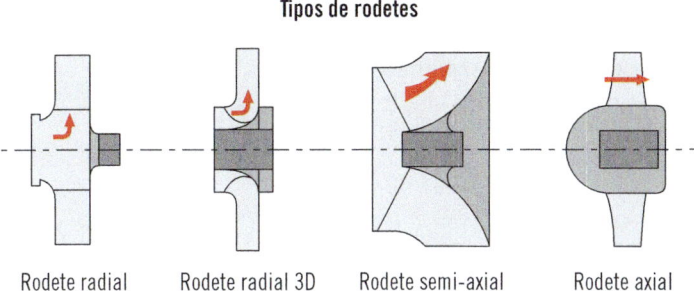

Rodete radial   Rodete radial 3D   Rodete semi-axial   Rodete axial

Los rodetes más utilizados hoy en día en las bombas son los de tipo 3D, caracterizados por presentar ventajas tanto de un rodete axial como radial. Las bombas centrífugas le confieren aceleración radial al fluido térmico, en su paso por el rodete.

 Actividades

1. Realice una búsqueda en internet sobre los tipos de rodetes existentes y las turbinas que lo montan.

La elección de una determinada bomba en una instalación de calefacción o ACS dependerá de las características técnicas que debe presentar esta para un correcto funcionamiento del sistema proyectado.

2.1. Bombas centrífugas

Las bombas centrífugas para líquidos pueden ser con aspiración natural o autoaspirantes. Las bombas de aspiración normal para líquidos no son capaces de eliminar de forma automática el aire alojado en su interior, por lo que deben encontrarse siempre llenas del líquido a transportar. Sin embargo, las bombas autoaspirantes tienen la capacidad de purgarse a sí mismas, pero deben hacerlo en varias fases hasta conseguir su llenado.

Definición

Purgar una bomba
Eliminar el aire de su interior y del interior del circuito para que no se produzcan pérdidas de presión en el líquido. Purgar solo tiene sentido en aquellas instalaciones donde el fluido es un líquido.

En las bombas centrífugas la entrada del fluido se lleva a cabo de forma axial (perpendicular) con respecto al rodete.

Bomba centrífuga

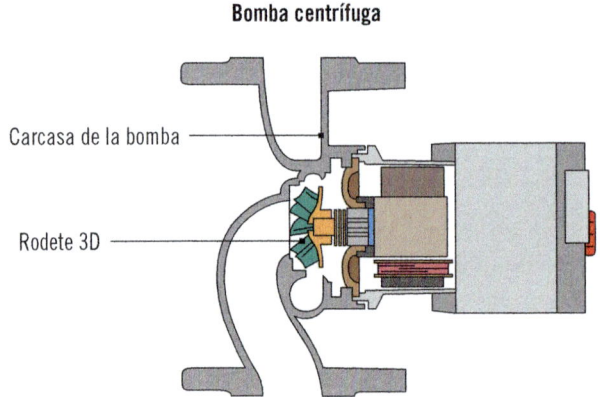

Carcasa de la bomba

Rodete 3D

Pueden encontrarse dos tipos de bombas centrífugas en función del paso del fluido:

1. **Bombas de rotor húmedo,** donde el rotor del motor está cubierto y en contacto con el fluido térmico.

2. **Bombas de rotor seco,** donde el rotor nunca entra en contacto directo con el fluido.

Bombas de rotor húmedo

Las bombas de rotor húmedo, también reciben el nombre de "motor encapsulado", en ellas el fluido circula por el interior de la carcasa entrando en contacto directo con el rotor. Esta disposición refrigera el motor a la par que eleva la presión del fluido. Las bombas de rotor húmedo presentan la ventaja de su sencillez, además de su bajo precio. Su construcción evita la existencia de fugas sin embargo su vida útil es relativamente corta y su rendimiento energético bajo.

Partes de una bomba de rotor húmedo

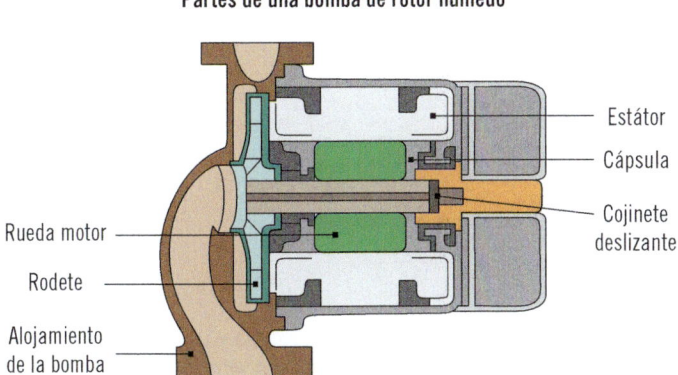

Con la instalación de una bomba de rotor húmedo en la tubería de retorno, se propicia una circulación rápida del fluido a través de la red de transporte, permitiendo el empleo de tuberías de diámetro más pequeño. Esta disposición se emplea para instalaciones donde el sistema de transporte cuenta con un recorrido muy amplio y se pretende reducir costes en la instalación. Además, en instalaciones de calefacción se reduce la cantidad de fluido térmico necesario facilitando el intercambio de calor y reduciendo el consumo de combustible en la caldera.

Otra ventaja de disponer una bomba de rotor húmedo en el circuito de retorno de una instalación de calefacción es que esta puede reaccionar de manera más rápida ante posibles variaciones bruscas de temperatura, consiguiendo un mayor confort y regulación. En la determinación de la temperatura a aportar en un sistema de calefacción que emplea bombas de rotor húmedo, se instalan válvulas termostáticas a la entrada de los radiadores de forma que estas regulan el caudal aportado. Es por este hecho, que los motores de bombas de rotor húmedo permiten una conmutación de la velocidad en varias etapas.

Sistema de calefacción con bomba de retorno

Dispositivo
de regulación

Purga de aire

Alimentación

Consumidores de calor

Bomba

Retorno

Bomba

Vaso de expansión membrana

En las bombas de rotor húmedo el rodete se acopla directamente con el eje del motor, el cual se apoya en cojinetes cerámicos o de carbón sintetizado. El material del rodete suele ser de acero inoxidable para que no se corroa con el contacto directo del fluido.

Importante

A la hora de diseñar una instalación con una bomba de rotor húmedo, debe preverse el purgado de la misma de manera automática.

Por otra parte, el eje de las bombas de rotor húmedo debe estar instalado en posición horizontal, de manera el motor siempre esté lubricado por el fluido. Un montaje vertical facilita la existencia de una lubricación insuficiente, lo que provoca un comportamiento inestable y consecuentemente un fallo de la bomba.

Actividades

2. Algunas instalaciones hidráulicas están dotadas de turbinas que son dispositivos parecidos a bombas. ¿Qué misiones desempeña una turbina hidráulica? ¿Qué diferencias encuentra con una bomba?

Bombas de rotor seco

Las bombas de rotor seco se refrigeran mediante aire y puede montar un eje fijo al rodete o un eje de mangueta con acoplamiento. Generalmente una junta de superficie de contacto sella el eje de la bomba; la junta se compone de un muelle que une dos anillos mediante presión. En dicha junta siempre se intenta que esté lubricada y refrigerada mediante una fina capa de fluido térmico.

Partes de una bomba de rotor seco

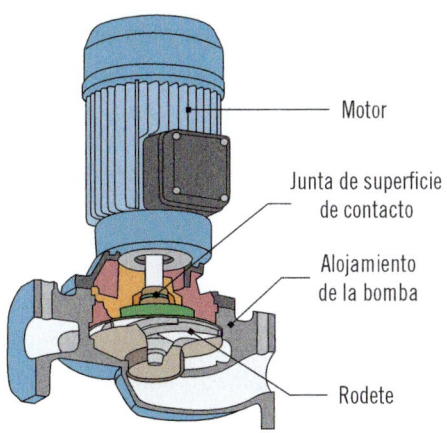

Motor

Junta de superficie de contacto

Alojamiento de la bomba

Rodete

Las bombas de rotor seco presentan la ventaja de bombear elevados caudales volumétricos además de ser más resistentes con fluidos de composiciones químicas agresivas, debido a que el motor nunca entra en contacto con el fluido.

Es muy común el uso de bombas de rotor seco en motores trifásicos de velocidad fija, donde su velocidad se regula gracias a dispositivos electrónicos. El rendimiento de las bombas de rotor seco suele ser mayor que las de rotor húmedo, aunque también lo es su precio.

Las bombas de rotor seco se pueden clasificar en tres grupos:

- Bombas en línea.
- Bombas monobloque.
- Bombas estandarizadas.

Bombas en línea

Se denomina bombas en línea aquellas que aspiran e impulsan el fluido a través de un mismo eje, presentando el mismo diámetro nominal. Las bombas en línea se emplean para instalaciones de calefacción, de ACS y abastecimiento de agua potable en edificios de gran altura donde se requiere presiones muy altas.

Bombas monobloque

Las bombas monobloque presentan una caja espiral donde existe una boca de aspiración axial y otra de impulsión radial. Estas bombas aportan una presión más baja que las de línea y su construcción se realiza en bloque.

Bombas estandarizadas

En las bombas estandarizadas la entrada del fluido se realiza de forma axial, dependiendo del fluido a bombear se equipan con cierre mecánico o por prensaestopas. El diámetro nominal del conducto de aspiración es normalmente mayor que el de impulsión.

Cierre mecánico de una bomba de rotor seco

Anillo deslizante
(obturación principal)

Fuelle de goma
(obturación adicional)

Contraanillo
(obturación principal)

Resorte

 Definición

---

Prensaestopa
Anillo de caucho o material sintético de sección generalmente rectangular que, garantiza la estanqueidad de una superficie en movimiento mediante su deformación elástica fruto de la aplicación de presión de cierre.

Como se aprecia anteriormente, el aislamiento del eje respecto del ambiente se puede realizar, bien mediante cierre mecánico o por prensaestopas.

El cierre mecánico se consigue mediante la disposición de dos anillos que actúan como superficies de obturación o cierre, que son comprimidas por medio de un resorte o muelle. Los cierres mecánicos mediante juntas dinámicas se emplean para obturar ejes giratorios que trabajan a presiones medias y altas.

Por otra parte, mediante prensaestopas se coloca un material sintético alrededor del eje de la bomba, el cual es comprimido gracias a un casquete prensaestopas.

Actividades

3. Realice una breve investigación sobre cuáles son las instalaciones más habituales además de instalaciones de ACS o calefacción, en las que se emplean las bombas de rotor húmedo. ¿Y las de rotor seco?

Posición de montaje

Para el montaje de las bombas de rotor seco debe tenerse en cuenta las siguientes prescripciones:

- Las bombas en línea se diseñan para colocarlas directamente a una tubería en posición horizontal o vertical.
- Debe preverse un espacio libre suficiente para poder desmontar el motor, el rotor o el puente.
- En el momento del montaje de la bomba, la tubería debe quedar libre de tensiones.
- En ningún caso se montará el motor con los bornes hacia abajo.
- El montaje de la bomba siempre se debe realizar de acuerdo a las especificaciones aportadas por el fabricante.

Hasta ahora se han visto bombas centrífugas de una sola etapa, es decir, que el fluido alcanza la presión requerida en un solo paso por el rotor; sin embargo, las bombas de alta presión realizan su trabajo en varias etapas. Para ello, las bombas de varias etapas montan cajas individuales independientes unas de otras y en cuyo interior se aloja un rodete. Las bombas de varias etapas solo pueden ser de rotor seco y su construcción facilita la obtención de altas presiones que mediante una bomba de una sola etapa no puede conseguir.

Bomba centrífuga de varias etapas

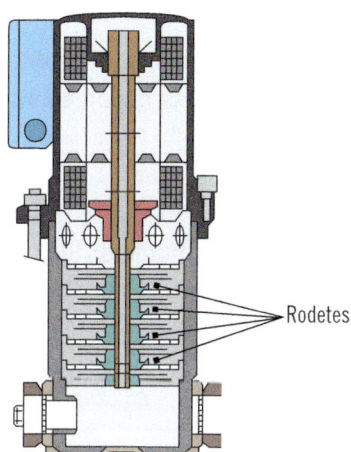

Rodetes

 Aplicación práctica

La empresa en la que trabaja está realizando la rehabilitación de una vivienda, el dueño ha pedido que además se instale un sistema de calefacción. Las condiciones particulares de la vivienda hacen que la instalación no pueda montar cualquier equipo, sino uno que permita una circulación rápida del fluido a través de la red con diámetros de tuberías pequeños, ya que se pretende reducir costes en materiales debido a la amplitud del recorrido. Además, la bomba debe montarse en posición horizontal y contar con un sistema adecuado de purgado.

Según las especificaciones de la instalación, ¿qué tipo de bomba o bombas va a instalar? ¿Qué particularidad presenta esta instalación?

SOLUCIÓN

Según lo comentado en el ejercicio respecto a la posición de la bomba y el sistema de purga, se instalarán bombas de rotor húmedo. Además, para facilitar la circulación del fluido de forma rápida por diámetros de tubería pequeños y grandes longitudes de recorrido, se instalará una bomba en el circuito de retorno además de la bomba principal.

2.2. Curvas de trabajo

Gracias a las bombas se puede elevar el agua entre depósitos a diferentes alturas, es por ello que las bombas se miden en altura de presión y no solo en presión.

La altura de presión (H) de una bomba se refiere al trabajo mecánico realizado por la bomba y transmitido al fluido dividido por el peso del mismo.

$$H = \frac{E}{G}(m)$$

Donde:

E = Energía mecánica, medida en Newton por metros (N · m).

G = Peso del fluido (N).

La presión producida en la bomba (H) y el caudal (Q) movido por la misma se relacionan entre sí, en un diagrama que recibe el nombre de **curva de trabajo de la bomba.**

Curva de trabajo de la bomba

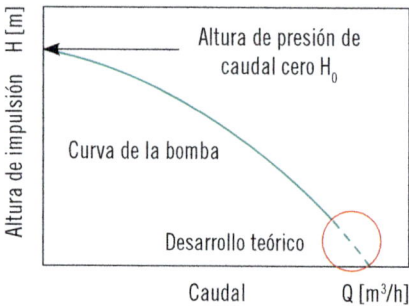

La máxima presión de la bomba se produce cuando se encuentra trabajando contra una válvula cerrada. Esta presión recibe el nombre de Presión a caudal cero (H0) y a medida que se va abriendo la válvula la presión de la instalación va cayendo paulatinamente.

 Importante

Para referirse a la presión que es capaz de suministrar una bomba se emplean los metros de altura, cuya equivalencia es la siguiente:

$$10 \text{ m} = 1 \text{ bar} = 100,000 \text{ Pa} = 100 \text{ kPa}$$

Curva de trabajo de la instalación

Las instalaciones formadas por tuberías presentan pérdidas por fricción que producen una caída de la presión del fluido transportado. Factores como la distancia que debe recorrer el fluido, el número de codos y elementos de tubería, la temperatura del fluido, la rugosidad interna de la tubería, la viscosidad del fluido, etc. influyen directamente en la presión de la bomba. Esta disminución en la presión puede ser recogida en la curva de trabajo de la instalación.

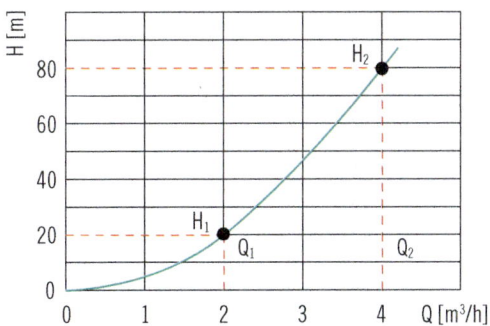

Curva de trabajo de la instalación

La curva anterior muestra la relación existente entre la resistencia que ofrece una instalación al paso del fluido en función del caudal circulante (Q). La relación entre la variación de caudal y la presión de la instalación se recoge en la siguiente ecuación:

$$\frac{H1}{H2} = \left(\frac{Q1}{Q2}\right)^2$$

Sabía que...

La variación de caudal circulante en una instalación se consigue mediante la apertura o cierre de válvulas.

Ejemplo

Según normativa, la presión mínima de un grifo debe ser de 2 bar, lo que significa que se necesitan 20 m de altura de presión en la bomba. Suponga que el grifo se abre hasta la mitad del caudal, siendo este de 2 m³/h, si queremos duplicar el caudal es necesario aumentar la presión de 2 a 8 bar.

$$\frac{H1}{H2} = \left(\frac{Q1}{Q2}\right)^2$$

$$H2 = \frac{20}{\left(\dfrac{2}{4}\right)^2} = 80m = 8bar$$

Punto de trabajo

Si se representa la curva de trabajo de la bomba y de la instalación en un mismo diagrama, el punto de corte entre ambas, representa el punto de trabajo de la instalación de calefacción o ACS.

Punto de trabajo de una instalación de calefacción

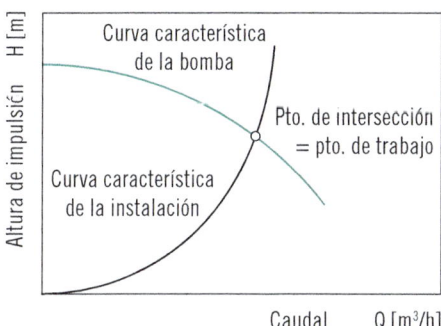
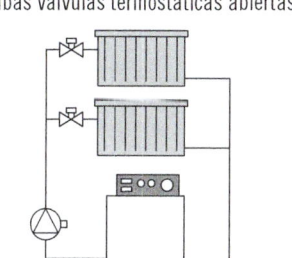

El punto de corte indica que la bomba trabaja a la presión necesaria para vencer la resistencia de la instalación. Además, este punto indica el caudal que puede suministrar la bomba a la red a la presión de trabajo.

Si se produce el cierre de una válvula, el caudal y la presión necesarios varían, pero el caudal no debe ser menor del mínimo establecido por el fabricante de la bomba, ya que, si no, se produciría un sobrecalentamiento que podría dañarla.

Variación del punto de corte en función de la variación del caudal

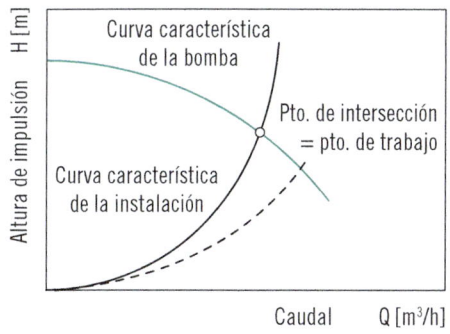
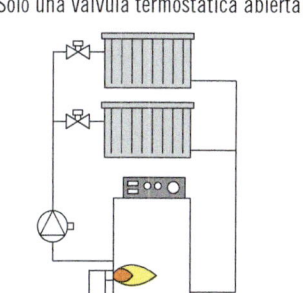

A la hora de elegir una bomba según el punto de trabajo, deben tenerse en cuenta los siguientes aspectos:

- Se debe establecer el punto de trabajo en una zona comprendida entre los valores máximos y mínimos aceptados por el fabricante de la bomba.
- Un aumento de la presión en la instalación aumenta también en nivel de ruido en las tuberías y válvulas.

Actividades

4. Recopile la ficha técnica de una bomba comercial. Identifique la curva de trabajo de la bomba y averigüe según la curva la presión máxima y el caudal máximo que es capaz de suministrar.

Aplicación práctica

La empresa calefacciones Martínez S. L., en la que trabaja como técnico, va a realizar una instalación de calefacción en un edificio de viviendas. Se sabe que el caudal que entra en un radiador es de 3 m³ a la hora a una presión de 3,5 bar y se quiere averiguar cuál será la presión que tendrá otro radiador ubicado en la misma estancia y conectado a la misma bomba, cuyo caudal es de 2,5 m³.

SOLUCIÓN

Aplicando la ecuación:

$$\frac{H1}{H2} = \left(\frac{Q1}{Q2}\right)^2$$

Continúa en página siguiente >>

<< Viene de página anterior

Tenemos que:

$$\frac{3,5\ bar}{H2} = \left(\frac{3m^3}{2,5m^3}\right)^3$$

$$H2 = 3,5\ bar\ /\ \left(\frac{3m^3}{2,5m^3}\right)^3$$

$$H2 = 2,92\ bar$$

Por tanto, la presión que tendrá ese radiador será de 2,92 bar.

3. Redes de tuberías

Tanto en instalaciones de ACS como de calefacción, el transporte del fluido desde la caldera o generador hasta el punto de consumo se realiza mediante tuberías. Un correcto diseño de la red de tuberías reduce los costes de la instalación, así como mejora el funcionamiento de los equipos y sistemas haciéndolos que trabajen a un mayor rendimiento.

La elección de un esquema u otro en la red de tuberías dependerá de los requisitos de la instalación. A continuación, se abordarán los distintos esquemas de instalaciones de tuberías que pueden realizarse tanto para ACS como para instalaciones de calefacción.

3.1. Instalaciones monotubo

Las instalaciones de agua caliente sanitaria se realizan mayoritariamente en monotubo, de forma que una sola tubería es la encargada de conectar el punto de generación de ACS con el punto de consumo. Normalmente la mezcla entre el agua caliente y el agua fría para obtener la temperatura de confort se realiza en el mando del punto de consumo.

En instalaciones de calefacción para grades edificios se opta por esta solución ya que permite reducir costes, sin embargo las aportaciones térmicas
adecuadas para cada estancia y el correcto diseño de la instalación suele ser
complicado. En instalaciones monotubo, las tuberías se montan empotradas
formando un circuito en forma de anillo por medio de una única tubería. Es
habitual que en función de la aportación de calor necesaria para una estancia,
una misma tubería alimente a dos o más radiadores incluso ubicándose éstos
en estancias distintas pero adyacentes.

Instalación monotubo

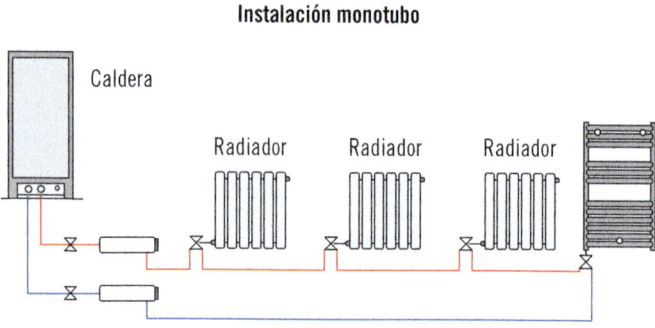

Para calcular el número de radiadores de los que puede disponer una instalación monotubo, es necesario conocer los requisitos térmicos del edificio o
estancia.

Cuando los requisitos térmicos superan a los aportados por una instalación
en anillo, se procederá desdoblando circuitos y creando tantos anillos como
sea necesario. En cada anillo habrá tantas llaves de paso como radiadores
(como mínimo dos), de forma que el colector será el que reciba el agua de
retorno de cada anillo y lo hará pasar por la caldera.

Instalación monotubo con dos anillos

Los radiadores para instalaciones monotubo deben contar con los siguientes elementos:

- Una llave de entrada y salida para instalación de calefacción en monotubo.
- Un purgador, para eliminar el exceso de aire.

3.2. Instalación bitubo retorno directo

Las instalaciones bitubo cuentan con una tubería de suministro de fluido caliente al radiador o emisor y una tubería de retorno a la caldera de manera que cada radiador recibe el fluido térmico de manera independiente. Las instalaciones bitubo permiten un mayor control de la temperatura de cada emisor, además de poder variar el caudal de fluido aportado por la bomba, estableciéndose siempre en el mínimo necesario y consiguiendo consecuentemente un ahorro energético y económico.

Con las instalaciones bitubo todos los emisores reciben fluido térmico a la misma temperatura, mientras que en las instalaciones monotubo el fluido iba pasando de un emisor a otro, produciéndose un salto térmico o diferencia térmica elevada entre el primer emisor, que recibe el fluido procedente de la caldera y el último que retorna el fluido.

Instalación bitubo directa

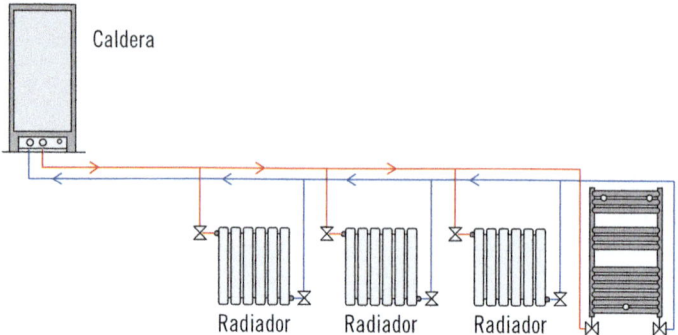

En la instalación de calefacción bitubo directa, los radiadores o emisores se encuentran conectados todos en paralelo con respecto a la caldera. La instalación se realiza estableciendo un circuito principal a partir del cual se obtienen derivaciones con tuberías de menor diámetro para cada emisor.

El sistema bitubo directo se emplea principalmente para viviendas donde, la distancia a salvar es relativamente pequeña.

En las instalaciones bitubo los radiadores montan una llave de entrada y otra de salida, además de un purgador. En función de las necesidades térmicas de la estancia, una válvula termoestática regula la temperatura de emisión dependiendo del paso de caudal permitido por esta. Cuando la válvula se encuentra completamente cerrada aumenta la presión de la instalación, es por ello que se recomienda la instalación de bombas con control de velocidad para limitar el aumento de presión.

Comparación entre un emisor bitubo y monotubo

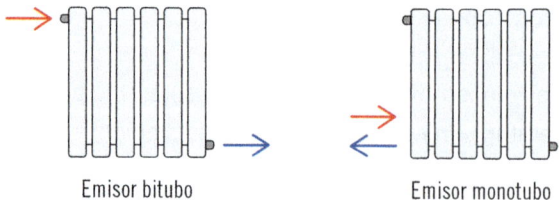

3.3. Instalaciones bitubo retorno invertido

En edificios grandes donde se quiere tener un control independiente del calor aportado por el sistema de calefacción, se emplean sistemas bitubos con retorno invertido.

Los sistemas de doble tubo con retorno invertido permiten variar el caudal de fluido que alimentan los radiadores. Estos sistemas además de ahorrar energía distribuyen el calor de manera más uniforme.

Sistema bitubo con retorno invertido

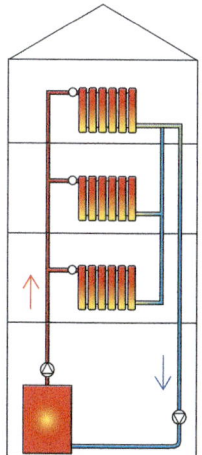

En la imagen se observa la alimentación en paralelo de tres radiadores, donde los circuitos de retorno están conectados al emisor más alejado del que se obtiene una única salida hacia la caldera.

El funcionamiento del sistema bitubo con retorno invertido es similar al bitubo directo con la diferencia de que los emisores conectan sus salidas de forma conjunta y agrupada, de esta manera se consigue que la pérdida de carga sea igual en todos los sistemas y por tanto se compensan las temperaturas.

Un caso particular en instalaciones bitubo de retorno invertido son los sistemas híbridos; dichos sistemas se basan en la existencia de un circuito con una baja pérdida de carga y una bomba para alimentar a cada vivienda de un edificio, de manera que los sistemas de calefacción son independientes. Las ventajas de este sistema son:

- Instalación de calefacción centralizada con costes reducidos.
- Facilidad para la ampliación de la instalación sin que afecte al funcionamiento.
- Menor tiempo de intercambio térmico del fluido para adquirir la temperatura deseada.

El funcionamiento del sistema híbrido se basa en montar una válvula de tres vías que en caso del que el agua no esté a la temperatura deseada (demasiado fría), será la encargada de enviar de devuelta a la caldera el fluido para recalentarse.

Sistema bitubo híbrido

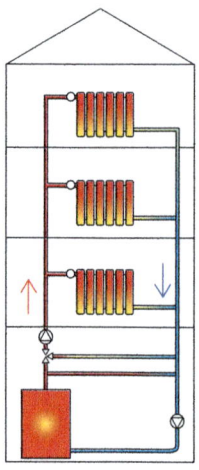

En la imagen se observa la existencia de tres emisores de calor instalados en paralelo, que disponen de un pequeño circuito de recirculación formada por dos tuberías instaladas en la entrada de fluido caliente al sistema y en la salida del mismo.

Actividades

5. Realice un breve resumen de las instalaciones monotubo y bitubo para redes de ACS y calefacción. Enumere la principal característica de cada uno.

3.4. Instalaciones mediante colectores

Los sistemas mediante colectores solares emplean principalmente agua como fluido térmico. Estos sistemas se colocan en la zona más alta del edificio para evitar la existencia de sombras, sin embargo esta altura no garantiza el cumplimento de la presión mínima para la vivienda, por lo que generalmente se instalan bombas hidráulicas que aporten la presión necesaria.

Debido a que el fluido térmico está formado por agua y que los colectores deben soportar en ocasiones temperaturas bajo cero, se le añade líquido anticongelante. Este hecho hace que el fluido que se calienta en los colectores no sea directamente ACS para el consumo, sino que esta discurre por un serpentín en el interior de un depósito para calentar el agua de consumo.

Instalación mediante colector

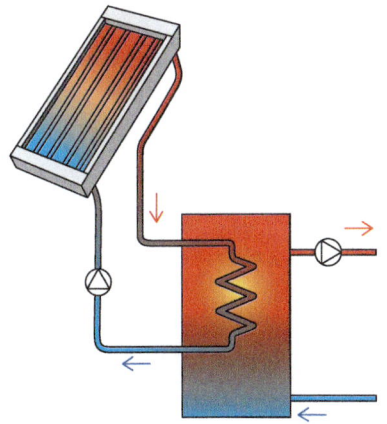

En la imagen se observa el colector donde entra el agua fría y sale caliente debido al calor absorbido del sol; el conducto realiza un circuito cerrado que pasa por el interior del depósito donde intercambia el calor con el agua de consumo.

Los colectores solares también pueden ser usados para alimentar sistemas de calefacción, pero debido a la diferencia de temperatura entre el día y la noche, y un mayor consumo térmico del sistema en horas sin producción, en la mayoría de los casos es un sistema económicamente inviable. No obstante, los colectores solares trabajan a temperaturas más altas que los sistemas normales de calefacción. Por el contrario, la variación térmica entre el día y la noche establece un salto térmico muy pronunciado.

Sabía que...

El anticongelante que se emplea en los sistemas de ACS con colectores solares es principalmente glicol. En aquellos sistemas donde sean necesarios la instalación de una bomba para la circulación del fluido por el interior de los colectores, deberá tenerse en cuenta el porcentaje de glicol que lleva la mezcla, ya que el glicol aumenta la viscosidad y densidad del agua, haciendo más dificultosa su circulación.

Aplicación práctica

Un cliente ha llamado a la empresa donde trabaja como técnico de mantenimiento de instalaciones de calefacción, porque tiene problemas con el sistema. Según el cliente, parece que a través de los conductos circula menos cantidad de fluido de lo habitual. Posiblemente se deba a una fuga, así que decide visitar la vivienda para solventar el problema. Cuando llega, encuentra una instalación de calefacción que sigue un esquema parecido al de la figura que se muestra a continuación.

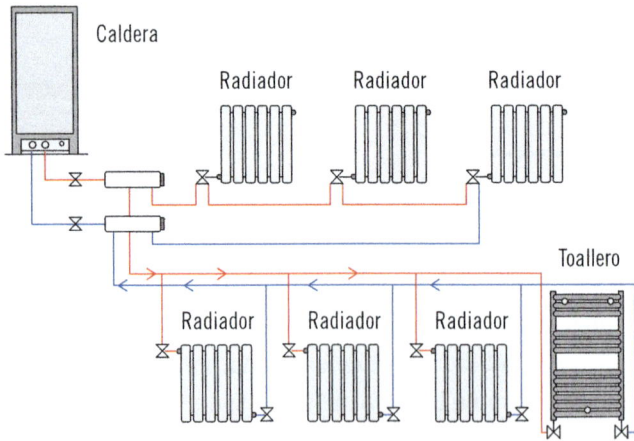

¿De qué tipo de instalación se trata? Comente lo que sepa sobre este tipo de instalaciones.

Continúa en página siguiente >>

<< Viene de página anterior

SOLUCIÓN

Se trata de una instalación mixta con una parte de la instalación montada en monotubo y otra instalada en bitubo, ambos circuitos están alimentados por la misma caldera. El circuito monotubo sigue un esquema en forma de anillo formado por tres radiadores o emisores, mientras que el circuito de doble tubo, situado en el inferior de la imagen, está formado por 4 emisores de calor donde tres son radiadores y el último es un toallero para el cuarto de baño. En el primer circuito, cada radiador recibe el fluido caliente proveniente del anterior, excepto el primero que lo recibe directamente de la caldera, por ese hecho el reparto térmico entre las estancias es desigual. Las instalaciones monotubo se ejecutan en grandes edificios donde se quieren reducir costes trazando una menor cantidad de tubería. En el segundo circuito el reparto térmico es más uniforme, ya que cada emisor recibe de forma independiente una derivación de fluido caliente procedente de la caldera.

3.5. Aislamiento térmico de tuberías

En la red de tuberías y conducciones es donde se producen las mayores pérdidas térmicas del sistema, hasta el punto de que una red de tuberías mal aislada puede llegar a reducir en un 70 % la cantidad de calor que llega a un emisor o radiador procedente de la caldera.

En las tuberías los mecanismos de transmisión de calor que se dan, y que por tanto son los causantes de las pérdidas térmicas son:

- **Pérdidas de calor por conducción:** el calor se pierde por estar en contacto con una superficie más fría, es el caso de las tuberías que discurren enterradas o empotradas.
- **Pérdidas de calor por convección:** el calor se pierde por el contacto de la tubería con una masa de fluido a distinta temperatura, es el caso de tuberías exteriores en contacto con el aire.
- **Pérdidas de calor por radiación:** el calor se pierde por emisión de calor radiante sin la necesidad de existir una superficie conductora.

**Representación de la sección transversal de dos tuberías una al aire
y otra enterrada, ambas con dos capas de aislamiento**

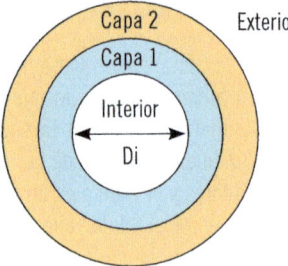

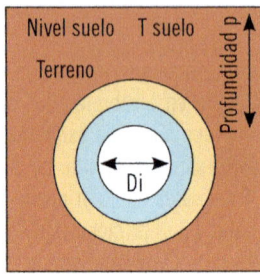

Actividades

6. Realice un dibujo esquemático que contemple los tres mecanismos de transferencia
térmica que se producen en una tubería.

En edificios, el aislamiento de tuberías, además de limitar las pérdidas térmicas, protege a las personas de quemaduras contra contactos directos de forma involuntaria. Otra manera de proteger contra lesiones producidas por quemaduras es limitar la temperatura máxima de los conductos desnudos (que carecen de aislante). El Código Técnico de la Edificación y el Reglamento de Instalaciones Térmicas en Edificios establecen que aquellas tuberías que transporte fluido caliente sin aislamiento no podrán superar en ningún caso los 60 ºC de temperatura.

Otra aplicación de los aislantes es la de evitar la congelación del fluido interior (sobre todo cuando se trata de agua), con especial atención en recorridos exteriores de tuberías.

Debido al buen comportamiento térmico y su ligereza, los aislantes para tuberías suelen fabricarse de fibra de vidrio aglutinadas con resina o formando una lana. El aislante puede llevar recubrimiento, según si es para montaje externo o interno. Los aislamientos para tuberías funcionan en temperaturas comprendidas entre -18 °C y 400 °C, dependiendo del tipo y el espesor del mismo.

Aislamiento de fibra de vidrio para tubería con y sin recubrimiento

Además de la baja conductividad térmica que presenta la fibra de vidrio, presenta unas buenas características de absorción de vibraciones producidas por el funcionamiento de la instalación. Otras características que presenta la lana de vidrio son:

- **Incombustible:** la naturaleza de este material, lo hace resistente al fuego y evita su propagación.
- **Higiénico:** la lana de vidrio no crea hongos ni bacterias y alarga la vida útil de la tubería.
- **Ligero:** es el material aislante más ligero.
- **Evita la corrosión:** la fibra de vidrio no se corroe, lo que permite alargar la vida útil de la tubería que protege.
- **Flexible:** se adapta con facilidad a cualquier geometría que presente la instalación.
- **Bajo mantenimiento:** la fibra de vidrio se caracteriza por su larga vida útil, lo que hace que prácticamente no se necesite mantenimiento.

3.6. Válvulas

Mediante la instalación de válvulas en las instalaciones de calefacción y ACS se pretende tener un mayor control y seguridad en el sistema. Las misiones de las válvulas pueden ser distintas y algunas pueden cumplir varias de ellas.

Misiones de las válvulas:

- Control de la instalación regulando caudales y presiones.
- Aislar diferentes tramos dentro de una instalación.
- Proteger la instalación contra sobrepresiones y depresiones.

Diferentes clases de válvulas

Tipos y características

Las válvulas pueden ser accionadas de diferentes maneras, bien de forma manual o bien mediante sistemas motorizados de accionamiento hidráulico, neumático o electrónico. A continuación se presentan los tipos de válvulas más empleados en redes de transporte de calefacción y ACS.

Válvula de compuerta

Las válvulas de compuerta emplean cierre de tajadera accionado por un volante. Es una válvula todo o nada que no permite regular el flujo circulante. Las principales características de esta válvula es baja pérdida de carga cuando se abre y una buena estanqueidad cuando se cierra. Los inconvenientes de esta válvula es que se necesita girar muchas veces la rueda acoplada al tornillo para su cierre o apertura, además de la imposibilidad de visualizar su posición.

Válvula de compuerta. En la imagen se puede observar cómo el giro de la rueda produce el roscado del tornillo que cierra la compuerta.

 Definición

Tajadera
Cuchilla con forma de media luna.

Válvula de mariposa

La válvula de mariposa realiza su cierre o apertura mediante un disco giratorio, donde la apertura se realiza girando el eje de la mariposa y colocándola de tal forma que la compuerta se encuentra en línea con la dirección de circulación del flujo, cuando la compuerta forma un plano perpendicular con respecto a la dirección de circulación del flujo se produce el cierre de la misma. La válvula de mariposa presenta una baja pérdida de carga abierta, además de una buena sensibilidad en su maniobra. Esta válvula permite visualizar la posición y las de gran tamaño pueden montar un motor eléctrico para su maniobra.

Válvula de mariposa. En la imagen se observa cómo la compuerta dispone de un eje vertical que cuando se abre este gira la colocando el plano de la compuerta en línea con la dirección de paso del fluido.

Válvula de bola

La válvula de bola recibe este nombre por la forma esférica de su cierre, el cual mediante su giro produce la apertura o cierre de la misma. La válvula de bola asegura un cierre totalmente estanco y abierta presenta una baja pérdida de carga. Su maniobra de cierre se realiza por doble estrangulación de entrada y salida, lo cual presenta un buen comportamiento a la cavitación. La válvula de bola permite identificar su posición abierta o cerrada.

Válvula de bola. El giro de la maneta arrastra un tornillo en cuyo extremo se encuentra una compuerta en forma de esfera o bola que permite el paso o cierre de la válvula.

Definición

Cavitación

Es un fenómeno de los fluidos cuando pasan a gran velocidad por una arista afilada de manera que produce una descompresión de este. En algunas ocasiones, se puede alcanzar la presión de vapor del fluido consiguiendo que parte de las moléculas del mismo pasen a estado de vapor formando burbujas o cavidades.

Válvula de asiento plano

La válvula de asiento plano realiza su apertura y cierre mediante un mecanismo de asiento, donde un tornillo, en cuyo extremo se encuentra un disco con las dimensiones de la tubería, mediante su giro desplaza el disco que cierra el paso de la tubería.

Estas válvulas no permiten identificar la posición abierta o cerrada de la válvula aunque sí regular y controlar el paso de caudal, su accionamiento puede ser manual o automático.

Válvula de asiento

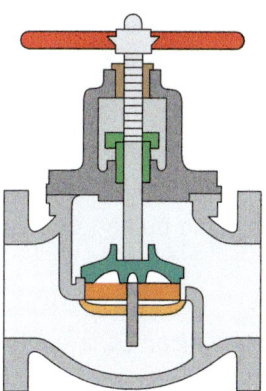

En la imagen se observa cómo el disco está totalmente asentado en la sección de paso de la tubería, cerrando la circulación del fluido.

También se pueden encontrar válvulas de paso en V, cuyo diseño mejora la capacidad de regulación del caudal.

Válvula en V

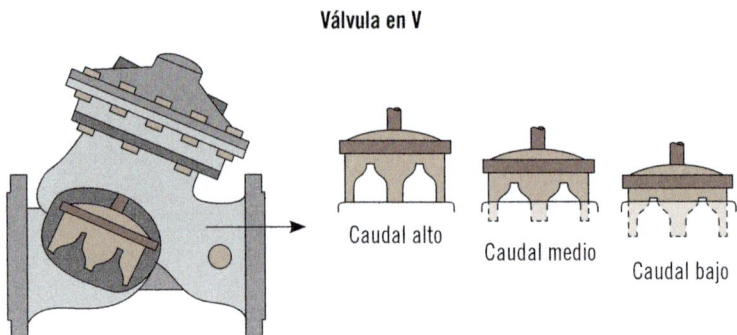

Caudal alto

Caudal medio

Caudal bajo

Actividades

7. ¿Qué diferencia existe entre una válvula de compuerta y una válvula de asiento?
8. Observe en su domicilio o vivienda la instalación de fontanería, averigüe si existe alguna válvula e indique de qué tipo se trata.

3.7. Tratamiento de agua

En la mayoría de los sistemas de calefacción, el agua es el fluido térmico encargado de transportar el calor desde el generador o caldera hasta los emisores o radiadores. El agua presenta una serie de características que deben ser contempladas para su empleo como fluido térmico, entre ellas las principales son:

1. Capacidad calorífica específica. Es la cantidad de energía transferida o absorbida por un sistema o cuerpo cuando se realiza un cambio de temperatura del mismo. La capacidad calorífica del agua se estima en 1.000 Kcal/m^3 °C.

2. Disminución de la densidad durante el aumento o disminución del volumen. Los cambios de volumen en el agua producen variaciones en su densidad (densidad del agua = 1.000 kg/m^3).

3. Aumento del volumen tanto en el calentamiento como en el enfriamiento. Cuando se produce una variación sustancial de la temperatura del agua, ya sea calentándola o enfriándola se obtiene como resultado el aumento del volumen.

4. Empuje hidrostático. Cuando un cuerpo se sumerge en agua, la fuerza hidrostática ejerce una presión sobre el cuerpo contraria al peso del mismo.

5. Ebullición bajo presión externa. El agua es un fluido que al ser sometida poco a poco a presión continua, las moléculas de su interior comienzan a rozar unas con otras hasta que comienza la ebullición de la misma.

Si se calienta el agua en un recipiente abierto a una temperatura superior a los 100 ºC, esta comienza a hervir. A partir de este momento el aporte de calor no aumenta la temperatura del agua, sino que produce su cambio físico de un estado líquido a un estado sólido. Esta cantidad de energía aportada se denomina por calor latente. Sin embargo, este fenómeno también está relacionado con la presión; variando la presión en la que tiene lugar la reacción podemos subir o bajar la temperatura de evaporación.

 Sabía que...

A medida que aumenta la altitud se disminuye la presión atmosférica y por tanto la temperatura de ebullición del agua.

Cuando la presión del aire en contacto con la superficie del agua es baja, más baja es la temperatura de ebullición. Por el contrario, cuanto mayor es la presión sobre el agua, mayor es la temperatura de ebullición.

Otra peculiaridad que presenta el agua en su comportamiento es que cuando aumenta su temperatura se contrae, en cambio prácticamente todas las sustancias se dilatan cuando son calentadas y se contraen al enfriarse. El agua cuando se calienta se dilata, pero cuando se enfría por debajo de los 0 ºC, en lugar de contraerse, también se dilata formando hielo. Este fenómeno es muy importante tenerlo en cuenta a la hora de diseñar tuberías que discurran por zonas expuestas a temperaturas bajo cero.

Un tratamiento muy común para las instalaciones que emplean agua y pueden verse afectadas por temperaturas bajo cero, es añadir una serie de aditivos llamados anticongelantes, que bajen el punto de fusión. El hecho de que el agua se congele dentro de una tubería puede acarrear problemas tales como fugas o reventones, debidos a la expansión de esta en su interior.

Reventón de una tubería por congelación

En las instalaciones de ACS un tratamiento muy importante y obligatorio, es el de mantener la temperatura del depósito por encima de los 60 ºC y nunca bajar a menos de 50 ºC. La legionela es una bacteria que se multiplica en aguas estancas con temperaturas comprendidas entre los 20 y los 45 ºC. Real Decreto 3/2023, de 10 de enero, por el que se establecen los criterios técnico-sanitarios de la calidad del agua de consumo, su control y suministro, es el encargado de establecer los criterios sanitarios de la calidad del agua de consumo, ya sea fría o caliente.

El agua de las calderas debe ser convenientemente tratada para alargar la vida útil de las mismas. La función principal del tratamiento del agua es poder evitar la existencia de impurezas que den lugar al fenómeno de la corrosión en la caldera.

Algunos parámetros del agua, tales como la cantidad de minerales, el contenido de oxígeno o cobre, la alcalinidad cáustica o el dióxido de carbono entre otros, deben estar comprendidos dentro de los niveles indicados por cada fabricante de la caldera. Cada fabricante establece los parámetros que deben ser controlados, así como las condiciones y proporciones máximas de sustancias que debe contener el agua de la caldera.

Para corregir ciertos parámetros se puede mezclar el agua con productos químicos, como antiincrustantes, captadores de oxígeno, dispersantes, protectores y/o neutralizantes. La mezcla se debe realizar en un estanque de almacenamiento de agua, donde cuanto tiempo pasa la mezcla en contacto con el agua antes de llegar a la caldera, más duradero y efectivo será el tratamiento.

Equipos para el tratamiento de agua

Los equipos que se emplean para los tratamientos del agua de caldera son los que se exponen a continuación.

Ablandadores

Su misión es la de eliminar la dureza del agua y evitar la aparición de incrustaciones debido a los iones de calcio y magnesio presentes en el agua. El funcionamiento de los ablandadores se basa en un intercambio iónico donde por medio de ciertas reacciones químicas, los iones de calcio y magnesio son sustituidos por iones de sodio.

Desgasificador

El equipo desgasificador es el encargado de eliminar del agua los gases que esta pudiera contener, principalmente oxígeno y dióxido de carbono. Los tratamientos de desgasificación principalmente previenen a la caldera de problemas de corrosión debido a los gases disueltos del agua.

Un equipo desgasificador se compone de los siguientes elementos principales:

▪ Torre de desgasificación.
▪ Estanque de agua de alimentación.
▪ Válvulas y filtros.
▪ Térmometros y reguladores de presión.

El funcionamiento de un equipo desgasificador se basa en calentar el agua hasta el punto de ebullición, ya que la solubilidad de los gases contenidos en el agua disminuye en el punto de ebullición. Luego el agua se hace pasar por la torre desgasificadora donde es atomizada para favorecer la liberación de los gases disueltos.

Equipo desgasificador

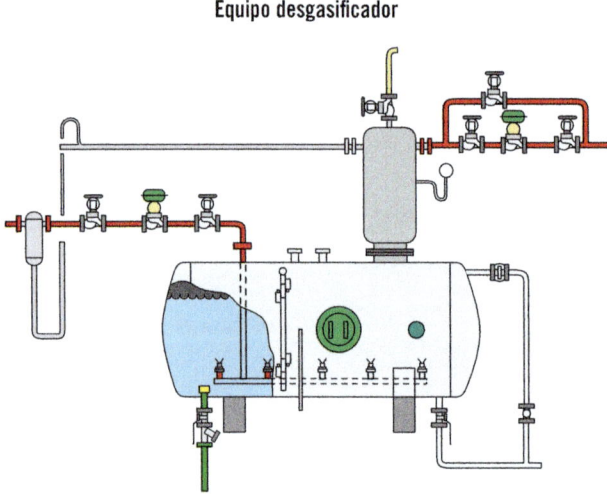

Actividades

9. ¿Por qué es necesario realizar un control y tratamiento del agua cuando se va a emplear como fluido en una caldera?

Aplicación práctica

Usted es un técnico de sistemas e instalaciones de la empresa "CalefaSA" y está eje-
cutando una instalación de calefacción por medio de radiadores por los que circula
agua a muy alta temperatura. Necesita dotar la instalación en un punto con un sistema
que le permita regular el paso de caudal a varios radiadores de calor, que debido a la
utilización de la habitación será de aproximadamente un 60 % del caudal máximo. ¿Qué
dispositivo empleará para realizar la regulación y por qué? Tenga en cuenta que la utilización de esa estancia puede variar, siendo necesario en otros casos el empleo de un
caudal más bajo o más alto que el actual.

SOLUCIÓN

Para regular el caudal circulante en un punto de la instalación se colocará una válvula
de asiento plano con paso en V. La válvula de asiento plano me permite controlar el paso
de caudal de forma manual o automática mediante un sistema de cierre en asiento que
incorpora. Además, con el paso en V se puede controlar el paso de un caudal alto, bajo o
medio, adaptando el sistema de calefacción a los requisitos de cada momento. Una vez
tenga instalada la válvula, se dejar regulada en un caudal medio acercándose a un 60 %
del caudal máximo.

4. Resumen

Las bombas son dispositivos electromecánicos que permiten elevar la presión de un fluido para hacerlo circular por el interior de una red de tuberías.
Dependiendo de si el rotor está en contacto directo con el fluido o no, puede
diferenciarse entre bombas de rotor húmedo y bombas de rotor seco.

La red de tuberías de una instalación de ACS o calefacción conectan el
fluido caliente procedente de la caldera o generador con el punto de consumo
térmico. En función del tipo de instalación y los requisitos deseados la red de
tuberías se pueden instalar en monotubo o bitubo. Para que no se produzcan
excesivas pérdidas térmicas por el transporte de fluido caliente, las tuberías
se recubren de materiales aislantes que además protegen a los usuarios contra
posibles accidentes de quemaduras.

El agua que circula por el interior de una caldera debe estar convenientemente tratada para aumentar la vida útil del sistema y evitar pérdidas de eficiencia térmica. Los distintos tratamientos que recibe el agua dependerán de los elementos contaminantes que esta posea inicialmente, además de las especificaciones que el fabricante de calderas establece que debe reunir.

Ejercicios de repaso y autoevaluación

1. Actualmente la mayoría de las bombas hidráulicas emplean rodetes de tipo...

    a. ... radial.
    b. ... axial.
    c. ... semiaxial.
    d. ... radial 3D.

2. ¿Qué significa el término purgar?

    _____
    _____

3. La siguiente imagen se corresponde con una bomba hidráulica. Indique de qué partes se compone. ¿Qué tipo de bomba representa?

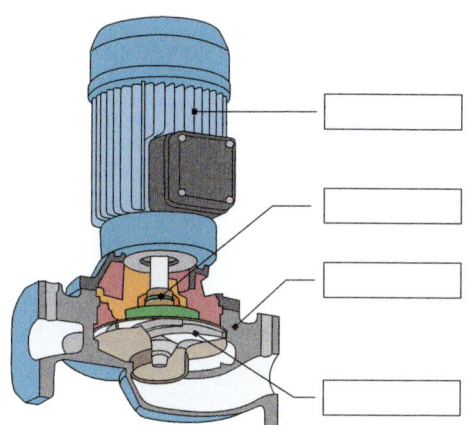

4. Indique si la siguiente afirmación es verdadera o falsa.

Las bombas de varias etapas solo pueden ser de rotor húmedo y su construcción facilita la obtención de altas presiones.

5. ¿Qué ecuación relaciona la variación de caudal con la presión de una instalación de ACS o calefacción?

_____

_____

6. ¿Qué indica el punto de trabajo en un diagrama que representa la curva de trabajo de una bomba y su instalación?

_____

_____

7. Las instalaciones de ACS generalmente se canalizan mediante...

    a. ... sistemas monotubo.
    b. ... sistemas bitubo con retorno directo.
    c. ... sistemas bitubo con retorno invertido.
    d. Las opciones b y c son correctas.

8. ¿Qué fluido se emplea normalmente los sistemas de ACS calentada por medio de colectores solares?

    a. Aceites.
    b. Agua.
    c. Agua mezclado con líquido anticongelante.
    d. Agua tratada con ablandadores y sistemas antiimpurezas.

9. Relacione.

    a. Radiador monotubo
    b. Bomba de rotor húmedo
    c. Sistema de doble tubo híbrido
    d. Colector solar

    __ Válvula de tres vías
    __ Glicol
    __ Cápsula
    __ Llave de entrada y salida

10. Un buen aislamiento térmico de las tuberías que transportan fluido caliente reduce...

    a. ... un 30 % las pérdidas de calor.
    b. ... un 70 % las pérdidas de calor.
    c. ... un 90 % las pérdidas de calor.
    d. ... un 30 % la posibilidad de fugas.

11. ¿Qué tipo de pérdidas son aquellas que se producen por el contacto de la tubería con una masa de fluido a distinta temperatura?

12. Nombre al menos tres características que presenta la fibra de vidrio como aislante de tuberías.

13. ¿Qué tres misiones puede desempeñar una válvula?

14. La válvula que realiza su cierre o apertura mediante un disco giratorio, donde la apertura se realiza colocando la compuerta en línea y perpendicular para el cierre, se denomina...

    a. ... válvula de compuerta.
    b. ... válvula de mariposa.
    c. ... válvula de bola.
    d. ... válvula de asiento plano.

15. Complete las oraciones.

La misión del _____ es la de eliminar la dureza del agua y evitar la aparición de incrustaciones debido a los iones de calcio y magnesio presentes en el agua.

El equipo _____ _____ es el encargado de eliminar del agua los gases que esta pudiera contener, principalmente oxígeno y dióxido de carbono.

Capítulo 5

Equipos terminales de calefacción

Contenido

1. Introducción

El calor generado en la caldera se transmite al fluido que es transportado por tuberías hasta el emisor de calor. Los emisores son los dispositivos encargados de transferir el calor del fluido al ambiente.

La distribución del calor en una estancia debe ser lo más uniforme posible, siendo aconsejable que el emisor cuente con sistemas de regulación que permitan controlar la temperatura de emisión.

Los emisores pueden ser de varios tipos:

- Radiadores.
- Fancoils.
- Aerotermos.
- Suelo radiante.

Además de los mencionados, existen emisores de tubo.

Generalmente se intenta instalar los emisores bajo las ventanas, para compensar las pérdidas de calor que se produce en el vidrio, además esta ubicación mejora la distribución del calor en la estancia, gracias al fenómeno de la convección.

2. Radiadores

El fluido térmico circula por el interior del radiador a una velocidad muy baja para que se produzca el intercambio térmico entre el fluido y el aire del ambiente; por medio de las aletas disipadoras se pretende aumentar la superficie de intercambio térmico aumentando la zona de contacto del aire con el radiador.

Radiador

Los radiadores están formados por elementos alargados que se unen entre sí, formando un conjunto. Un radiador está compuesto por tantos elementos como sea necesario para alcanzar la potencia establecida.

2.1. Clasificación: materiales y diferencial constructivo

La característica principal que deben mostrar los materiales que se empleen en un radiador es presentar un buen coeficiente de conductividad térmica. En el mercado se pueden distinguir varios tipos de radiadores en función del **material empleado** para su construcción.

Construcción interna de un radiador

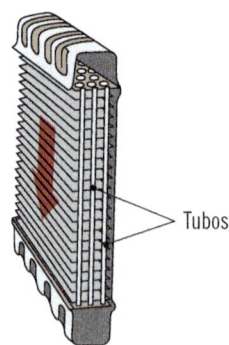

Tubos

Radiador de hierro fundido

Los primeros radiadores que se emplearon para calefacción se construyeron en hierro fundido a finales del siglo XIX. Estos radiadores presentan una excepcional resistencia a la corrosión, sin embargo su peso es elevado.

Radiador de hierro fundido

Los radiadores de fundición por su construcción son sólidos y duraderos, pero además proporcionan una alta emisión de calor por radiación. El hierro fundido presenta una elevada inercia térmica, por lo que tarda más tiempo en enfriarse que en adquirir la temperatura de funcionamiento.

Actualmente los radiadores de hierro fundido se emplean con fines decorativos además de emisor térmico. En su instalación es muy importante tener en cuenta la capacidad portante de la pared en la que se instale, ya que el peso de este dispositivo es elevado.

Definición

Capacidad portante de un elemento constructivo
Capacidad que presenta este frente a los esfuerzos a los que se expone. En el caso de un radiador de hierro fundido, la pared debe ser capaz de aguantar su peso.

Cada columna o tubería constituye un elemento del radiador; los radiadores de fundición instalan entre 2 y 4 elementos que conforman el bloque de emisión.

Radiador de aluminio

Los radiadores de aluminio son los más comunes, tienen un peso reducido, una buena emisividad e inercia térmica. Se caracterizan por distribuir el calor principalmente por convección y una relación calidad-precio muy buena.

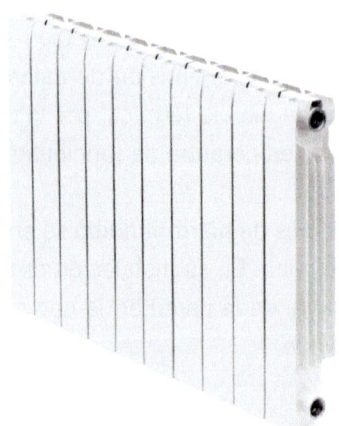

Radiador simple de aluminio

 Definición

Emisividad
Cantidad de radiación que un elemento o superficie es capaz de emitir debido a la diferencia de temperatura existente entre esta y el fluido de su entorno.

Los radiadores de aluminio pueden ser simples o de tipo "JET", estos últimos disponen de un difusor en la parte superior que mejora la emisividad del radiador y direcciona el calor para crear una masa de aire circulante en el interior de la estancia.

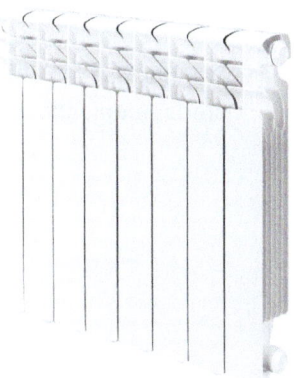

Radiador JET de aluminio

Un caso muy particular de los radiadores de aluminio es aplicarlos como toalleros en los cuartos de baño, de esta forma se mantiene una correcta temperatura del baño a la vez que se calientan las toallas para su uso.

Radiador/toallero de aluminio

Radiador de acero

Los radiadores de acero son similares a los anteriormente estudiados con la única diferencia de que el material empleado lo que hace que sean menos pesado que los de fundición.

 **Definición**

Inercia térmica
Cantidad de calor que puede conservar un cuerpo y la velocidad con la que transmite dicho calor. En los radiadores lo que se busca con la inercia térmica es que adquieran la temperatura lo más rápido posible y la mantengan durante el mayor tiempo.

Los radiadores de acero presentan la desventaja de una mayor exposición a la corrosión y por tanto su vida útil es menor.

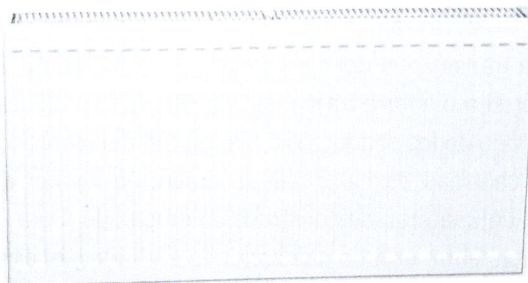

Radiadores de panel de acero

Para mejorar la transmisión de calor se puede interponer una serie de difusores entre las chapas de acero, de forma que se mejora el proceso de convección del calor.

Una variante del radiador de acero son los **paneles de acero radiante,** fabricados con chapa de poco grosor y gran superficie de emisión. Su instalación es muy interesante cuando no se quiere que sobresalga el emisor. Por su forma se clasifican en:

- Plano.
- Acanalado.
- Tubular.

Panel radiador tubular

Constructivamente, los radiadores se diferencian unos de otros en el diseño empleado para la transmisión del calor del fluido al ambiente. Principalmente el fluido pasa por el radiador a través de una serie de conductos formando un serpentín. El tamaño de los conductos o la longitud del recorrido del serpentín, dependen de la cantidad de calor que se quiere emitir por elemento, de la inercia térmica o del material de construcción empleado. Para aumentar la superficie de contacto entre el tubo que contiene el fluido y el aire del ambiente, se acoplan una serie de aletas que favorece el intercambio térmico.

Actividades

1. Realice un pequeño resumen de los tipos de radiadores existentes.

2.2. Emisión de calor

Los radiadores emplean fundamentalmente dos mecanismos de transmisión de calor que son convección y radiación. El aire que circula en la estancia es calentada por convección al entrar en contacto con el radiador y por otra parte cierta cantidad de calor es irradiada.

Mecanismos de transmisión de calor en un radiador

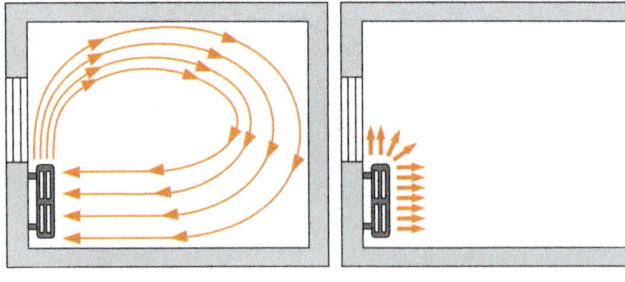

Transmisión de calor
por convección (90 %)

Transmisión de calor
por radiación (10 %)

Los radiadores deben disponer de elementos, como válvulas, que permitan regular la temperatura gracias al paso de caudal térmico a través del mismo. Las estancias con más de un radiador deben estar correctamente reguladas para evitar descompensaciones térmicas (zonas frías y zonas excesivamente cálidas).

Aplicación práctica

Como trabajador autónomo, se dedica a la instalación de sistemas de calefacción. Tiene un cliente que le ha pedido que realice un presupuesto de un sistema de calefacción para un piso con 2 dormitorios, 1 cuarto de baño, salón y cocina. Le ha pedido que sea un sistema convencional radiador y económico. Justifique su elección de cara al cliente.

SOLUCIÓN

El cliente pide que sea un sistema de calefacción con emisores de tipo radiador. El sistema más usual y económico son los radiadores de aluminio; estos emiten el calor por convección y presentan una buena relación calidad precio. Su peso es reducido por lo que es apto para instalarlo colgado de cualquier pared y no presenta problemas de corrosión, como es el caso de los radiadores fabricados en acero.

3. Fancoils y aerotermos

Los emisores fancoils, que también reciben el nombre de convectores, transmiten el calor de un intercambiador gracias a un ventilador que actúa sobre un conjunto de tubos por los que circulan el agua caliente; de esta forma se fuerza a transferir el calor del agua al aire que aclimatará la estancia.

Fancoils

Los sistemas aerotermos son dispositivos similares a los fancoils, su forma es más simple y su uso más extendido en el acondicionamiento de naves industriales. Los intercambiadores aerotermos disponen de un ventilador que proyecta el aire hacia un conjunto de tubos de cobre con aletas, por cuyo interior circula el fluido caliente que procede de la caldera. Estos sistemas emiten una potencia calorífica alta, sin embargo produce unos niveles de ruido excesivos, por lo que su uso se desaconseja a nivel doméstico.

Sistema aerotermo

Actividades

2. ¿Qué diferencias encuentra entre un fancoils y un aerotermo? ¿Y entre un fancoils y un radiador?

3.1. Clasificación: materiales y diferencial constructivo

Los equipos de calefacción de clase fancoils pueden clasificarse en dos tipos:

- **Sistemas verticales,** que pueden estar apoyados en el suelo o en la pared.
- **Sistemas horizontales,** que van instalados en el techo.

Los sistemas horizontales presentan la ventaja de ser un sistema compacto y que por su instalación en falsos techos, apenas ocupan espacio.

Los sistemas verticales se instalan en zonas bajo las ventanas, o en el caso de edificios antiguos donde se quiere sustituir el sistema existente, se colocan de forma vertical apoyados en la pared en el hueco que deja el radiador, reduciendo los costes de la instalación.

En climas muy fríos se aconseja instalar sistemas fancoils verticales en las paredes que están en contacto con el exterior. En cambio, para climas cálidos los fancoils de tipo horizontal son los modelos más recomendables.

Una variante de los sistemas de calefacción fancoils instalados en el techo, son los de tipo cassette. Estos sistemas están diseñados especialmente para instalarlos empotrados en falsos techos. Por su forma y diseño, pueden distribuir el calor en cuatro direcciones por lo que se instalan en el centro de las estancias.

Los fancoils y aerotermos disponen de varios tipos de rejillas con aletas fijas o direccionales que permiten proyectar la masa de aire caliente en la estancia de manera que se cree una circulación de flujo continua.

Fanscoils de tipo horizontal, vertical y cassette

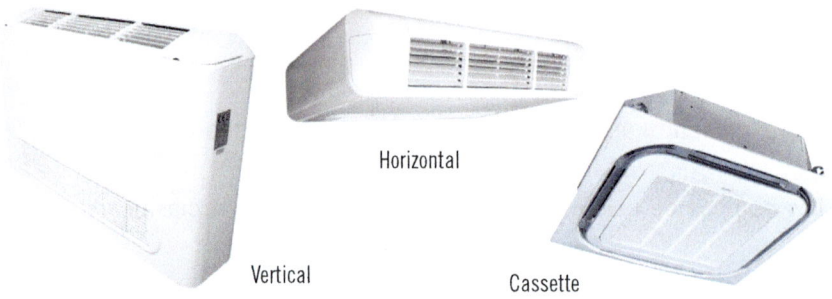

Horizontal

Vertical

Cassette

El **material empleado** en los sistemas aerotermos y fancoils suele ser material de calderería, instalándose sobretodo acero galvanizado resistente a la corrosión, de peso reducido, gran durabilidad y bajo precio.

Los sistemas aerotermos y falcoils pueden instalarse con envolvente o sin ella. Generalmente para aplicaciones domésticas se emplean los sistemas con envolvente, empleándose sistemas sin envolvente para la calefacción de fábricas. La estructura de chapa de acero galvanizado le confiere una gran robustez al sistema, además de una buena flexibilidad constructiva.

 **Definición**

Batería
El conjunto de tuberías de paso de fluido térmico en un sistema de calefacción fancoils o aerotermo.

La rejilla de salida de aire presenta unas dimensiones similares a la superficie de intercambio de la batería para reducir los cambios bruscos de volumen y dirección del aire que produce ruido. Las baterías se construyen en tubo de cobre para aumentar la eficiencia de intercambio térmico entre el fluido y el aire de la estancia.

En cuanto a la **diferencia constructiva** entre los distintos fancoils y los sistemas aerotermos, se basa en el montaje de los ventiladores y la carcasa, que da lugar a sistemas construidos para su montaje en vertical, horizontal o en cassette. La admisión y expulsión del aire puede realizarse en línea, axial o transversal. En los sistemas en línea, la rejilla de admisión está alineada con la rejilla de expulsión y el ventilador hace circular forzadamente el aire a través del intercambiador de calor, son los más habituales, ya que reducen los niveles de ruido. Tanto los sistemas axiales como transversales la rejilla de admisión y expulsión están desalineadas formando ciertos ángulos; son sistemas que se emplean en aquellas instalaciones que por razones constructivas no pueden instalarse sistemas en línea. Estos sistemas añaden ruido al funcionamiento normal del ventilador.

En la construcción de un sistema fancoils o aerotermo, debe prestarse especial atención a la conexión correcta de las entradas y salidas del fluido, ya que el ventilador tiene que forzar al aire por el paso del circuito caliente proveniente del generador.

3.2. Emisión de calor

Los sistemas fancoils y aerotermos combinan circulación de un fluido caliente a través de un serpentín y un flujo de aire movido por un ventilador, lo que permite transferir una alta inercia térmica en comparación con otros sistemas. El mecanismo térmico que se produce a la hora de calentar una estancia con sistemas fancoils y aerotermos es fundamentalmente por convección, forzando al aire de la estancia a adquirir rápidamente la temperatura deseada.

Partes internas de un fancoils de tipo vertical

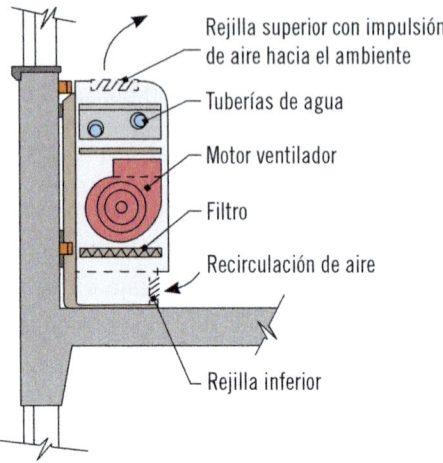

Rejilla superior con impulsión
de aire hacia el ambiente

Tuberías de agua

Motor ventilador

Filtro

Recirculación de aire

Rejilla inferior

El aire que se emplea en un fancoils puede ser el mismo de la estancia o provenir del exterior y canalizado hacia la estancia. Térmicamente es mejor calentar el aire de la estancia, pero se recomienda renovar la masa de aire del interior de una estancia tantos ciclos como sea necesario, entrando en juego factores como las dimensiones de la estancia, o el grado de ocupación, así como la actividad que se desarrolle, etc.

Los sistemas fancoils se basan en el mismo mecanismo de transmisión de calor que los radiadores, sin embargo los sistemas fancoils cuentan con un ventilador que fuerzan el intercambio térmico entre el fluido y el aire, logrando la temperatura de la estancia en un tiempo menor, no obstante presenta las siguientes desventajas en comparación:

- Elevado coste.
- Emisión de ruido.
- El aire del interior de la estancia está en movimiento, creando molestas brisas.
- Reparto del calor desigual para geometrías irregulares, creando saltos térmicos apreciables.

Actividades

3. ¿Por qué cree que un sistema fancoils tiene mayor inercia térmica que un sistema de calefacción por radiador, cuando en ambos casos el mecanismo de transmisión de calor es fundamentalmente por convección?

Aplicación práctica

Trabaja en la empresa "Calefacciones López" y está atendiendo la llamada telefónica de un cliente que dispone de un comercio y quiere instalar un sistema de calefacción. El cliente le ha pedido que en toda la estancia solo exista un único punto de calor y se encuentre justo en la puerta de entrada. ¿Qué sistema de calefacción va a emplear?

SOLUCIÓN

Emplearía un sistema de tipo fancoils o aerotérmo. Los sistemas fancoils o aerotermos son sistemas de calefacción que intercambian el calor de un fluido contenido en un serpentín con el aire de una estancia, gracias a la acción forzada del ventilador. Un único punto de calor puede acondicionar la estancia. En cambio, con sistemas por radiadores o emisores de calor radiante, estos deben estar distribuidos por toda la estancia. Además, otra ventaja frente a los sistemas de calefacción mediante radiador es que presenta una inercia térmica mayor por lo que realiza la calefacción de la estancia más rápidamente. Como desventajas se encuentra su precio, que es sensiblemente mayor, genera ruido y una masa de aire en circulación, además de que no reparte el calor de manera homogénea.

Para reducir el nivel de ruido, se optaría por un sistema fancoils de tipo horizontal colocado en el falso techo, con las rejillas alineadas.

4. Suelo radiante

El sistema de calefacción mediante suelo radiante consiste en situar una tubería bajo la superficie del suelo. El agua previamente calentada en la caldera circula por el interior de la tubería transfiriendo el calor por su paso.

Tubería para suelo radiante

La calefacción por suelo radiante trata de mejorar los mecanismos de transmisión de calor, con el fin de aumentar el confort en las estancias. Los sistemas de calefacción estudiados hasta ahora se basaban en la prioridad de calentar el aire de la estancia, sin embargo de esta manera el reparto térmico del calor en una estancia es desigual, concentrándose el calor en la parte alta de la estancia y dejando la parte del suelo fría.

 Sabía que...

La temperatura del cuerpo humano está distribuida de forma que las extremidades inferiores presentan una temperatura de hasta 5º inferior a la del resto del cuerpo.

Para subsanar la descompensación de calor en una estancia, surge la calefacción por suelo radiante que aporta la temperatura de confort desde el suelo.

Actividades

4. Busque información sobre los primeros sistemas de calefacción por suelo radiante en la antigüedad.

4.1. Principios de funcionamiento

Los radiadores, fancoils y sistemas aerotermos transfieren el calor mayoritariamente por convección; en el caso del suelo radiante, la mayor parte del calor es transferida a la estancia por radiación y conducción entre superficies en contacto.

Con el sistema de suelo radiante se pretende que sea la propia radiación del suelo caliente, la que climatice la estancia. El funcionamiento de este sistema se basa en hacer pasar un fluido (generalmente agua) previamente calentado en una caldera, a través de una serie de conductos colocados bajo el suelo. El calor es transferido por contacto directo al suelo o cerramiento, que a su vez irradia el calor a la estancia; dadas las características del suelo radiante, se engloba dentro de los sistemas de calefacción a baja temperatura, ya que emplean potencias caloríficas menores.

La radiación de energía depende directamente del tamaño del cuerpo emisor, cuanto mayor es la superficie del emisor mayor es la cantidad de energía irradiada. El suelo radiante emplea una superficie de emisión de calor bastante mayor que la de un radiador.

Funcionamiento del sistema de calefacción por suelo radiante

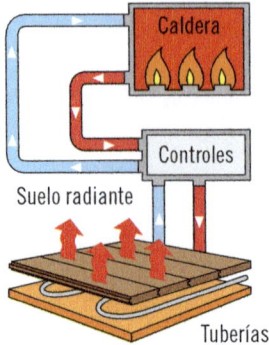

Para que el sistema de calefacción por suelo radiante trabaje adecuadamente, las tuberías de circulación de calor deben estar correctamente distribuidas por el suelo de la estancia.

Las ventajas de emplear un sistema de suelo radiante para la calefacción de una estancia o vivienda son:

- Menor impacto visual en la estancia y una mayor posibilidad de espacio habitable. Al no colocar ningún elemento emisor de calor, existe más espacio habitable en la estancia.
- Mayor seguridad. El suelo radiante es un sistema de baja temperatura, por lo que no se producen quemaduras por contacto directo.
- Inexistencia de ruidos y masas de aire circulantes. Al llevarse a cabo la difusión del calor a través de la superficie del suelo, la diferencia térmica entre el suelo y el ambiente muy pequeña, de esta manera se evita los molestos movimientos conectivos en el aire.

 **Actividades**

5. Realice un esquema que recoja los mecanismos de transmisión de calor que se dan para cada sistema de calefacción estudiado.

En resumen, el funcionamiento del suelo radiante se basa en calentar agua a baja temperatura en la caldera, para hacerla circular a través de una red de tuberías situados en el suelo bajo el pavimento, este sistema cede el calor por conducción al suelo y este al ambiente mediante radiación.

Una adecuada distribución uniforme de la temperatura y una la baja velocidad de circulación del aire en el ambiente, hacen que se trate de un sistema de calefacción eficiente para edificios.

 Aplicación práctica

La empresa en la que trabaja está realizando el proyecto de acondicionamiento de las instalaciones de una biblioteca. Usted es el técnico encargado de proyectar la instalación de calefacción. De todos los sistemas disponibles, ¿cuál cree que es el sistema que mejor se adaptaría a la estancia teniendo en cuenta que se trata de instalar la calefacción en una única estancia diáfana y de grandes dimensiones con techos muy altos?

SOLUCIÓN

De todos los sistemas de calefacción disponibles, el sistema de suelo radiante sería la opción idónea porque no concentraría todo el calor en el techo, es un sistema silencioso y reparte homogéneamente el calor por toda la estancia. Además, como el volumen de la estancia es muy grande, instalaciones con emisión de calor por medio de radiadores emplean mucha energía para calentar todo el aire de la estancia, en cambio el suelo radiante resulta económico y la apreciación del calor sería más rápida.

4.2. Tipos de distribución

Los elementos que componen una instalación de suelo radiante son:

- Red de tuberías.
- Recubrimiento.
- Aislamiento térmico.
- Dispositivos de control y regulación.

Sistema de red de tuberías en suelo radiante

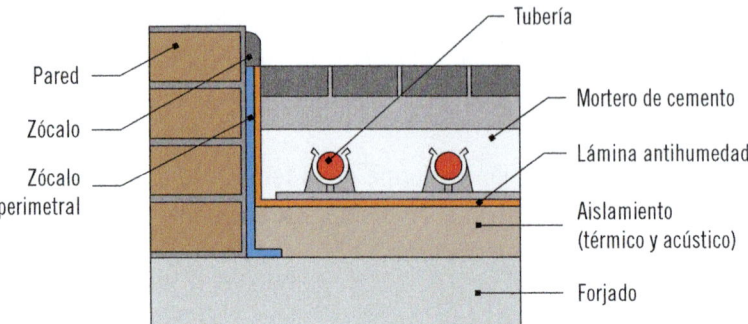

Lograr una correcta calefacción de la estancia implica conseguir un reparto uniforme del calor en el suelo de la misma. Para distribuir el sistema de tuberías en a lo largo de la superficie del suelo, se pueden emplear varios sistemas:

- Red de tuberías en serpentín.
- Red de tuberías de doble serpentín.
- Red de tuberías en espiral.

Red de tuberías en serpentín

Con la red de tuberías en forma de serpentín el tubo de entrada comienza por un extremo de la estancia y termina en el extremo opuesto, serpenteando en la superficie del suelo de manera que se formen líneas de tuberías paralelas y equidistantes una de otras.

Red de tuberías en serpentín

 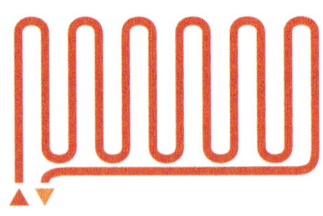

La instalación de las tuberías formando un serpentín es muy sencilla, pero presenta el inconveniente de no realizar el reparto del calor de manera homogénea, ya que habrá una parte de la estancia que reciba el calor directamente de la caldera y otra que recibirá el fluido a una temperatura menor por haber descargado el calor anteriormente en su recorrido.

Red de tuberías de doble serpentín

La red de tuberías de calefacción para suelo radiante distribuidas en doble serpentín sigue el esquema anterior, trazando líneas paralelas y equidistantes entre sí, pero deja libre un hueco para el conducto de retorno.

Instalación en doble serpentín

La tipología de este trazado se adapta perfectamente a estancias con geometrías irregulares, además de eliminar los problemas de reparto desigual del calor a lo largo de la superficie del suelo.

Red de tuberías en espiral

La red de tuberías en espiral consiste en trazar los conductos desde la parte más externa hasta el interior, formando una circulación en forma de espiral con la forma de la estancia.

Suelo radiante trazando una espiral

El trazado en espiral de los conductos permite distribuir el calor de forma homogénea en toda la estancia. En el trazado de este sistema deben respetarse los huecos para el tubo de retorno, de manera que en la superficie del suelo se alterna entre una tubería de entrada y otra de salida.

El inconveniente de este sistema es la complejidad del trazado para estancias de geometría irregular, lo que repercute en un mayor número de horas de trabajo para el instalador.

 Nota

En todos los sistemas estudiados debe contemplarse los puntos que requieren un mayor aporte térmico, como por ejemplo paredes exteriores o grandes ventanales. Será en esos puntos donde el espacio o hueco entre dos tuberías de entrada será menor para aportar más calor y compensar las pérdidas térmicas.

Actividades

6. Realice una breve investigación y encuentre en su entorno varios sistemas de calefacción. ¿De qué tipo son?
7. Realice un dibujo explicativo para cada tipo de trazado de suelo radiante, distinga por colores entre la tubería de entrada de agua caliente y la tubería de retorno.

4.3. Elementos de aislamiento y sujeción

Las instalaciones de calefacción por suelo radiante deben disponer de adecuados sistemas de aislamiento para evitar que el calor circulante por las tuberías se transfiera en la dirección contraria a la zona que se quiere aclimatar.

Los fabricantes de aislantes para suelo radiante venden las planchas de aislamiento con una preforma que facilita la instalación y trazado de las tuberías. Además, cada fabricante establece unas medidas que permiten al instalador reconocer fácilmente la distancia que debe establecer entre los pasos de dos tuberías contiguas.

Distintos aislamientos para suelo radiante

Las geometrías, colores, materiales, etc. dependen de cada fabricante de aislantes. Pero todos buscan que sean sistemas muy sencillos de colocar y que permitan la sujeción de los tubos ahorrando en material y reduciendo los tiempos de montaje de una instalación.

Las medidas de los huecos la establece el fabricante en función de los diámetros de tubo empleados para la instalación.

El sistema de montaje del suelo radiante se basa en colocar el aislante sobre el forjado, de forma que todo el calor se emita hacia el suelo de la estancia evitando pérdidas de calor. A lo largo del aislante preformado, se trazan las tuberías. Sobre el aislante y las tuberías se establece una malla antivapor, que evita problemas de humedades en el suelo. Seguido a la malla se vierte mortero o cemento sobre el cual se instala el pavimento.

Las funciones del aislante son:

- Reducir la inercia térmica del sistema, disminuyendo la cantidad de superficie a calentar.
- Direccionar la transmisión de calor hacia la estancia deseada.

Instalación de un sistema aislante

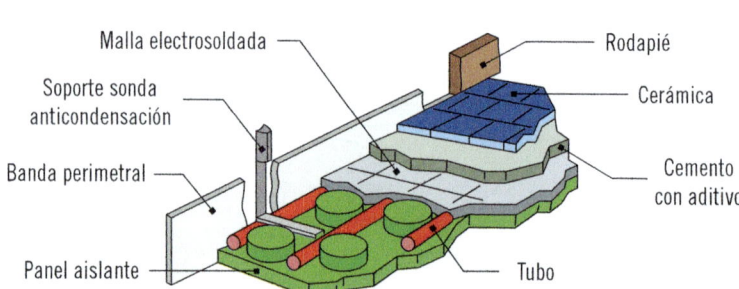

Aunque los aislantes pueden ser planos, gracias a los paneles aislantes preformados se puede trazar una instalación de suelo radiante de forma rápida y sencilla. Los sistemas planos emplean clips o grapas que permiten una instalación rápida del conjunto de tuberías.

Dependiendo de las características del aislante y las dimensiones de la instalación, los fabricantes pueden recomendar el empleo de sistemas de fijación y refuerzo. El sistema de fijación empleado en estos casos son las grapas, que por su forma redondeada se ajustan perfectamente a la curvatura de las tuberías. Existen diferentes tamaños en función del diámetro de cada tubería.

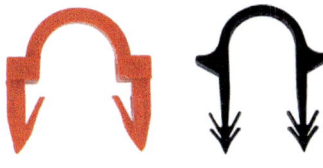

Grapas para fijación de tuberías

También se pueden emplear carriles guía que faciliten la instalación de suelo radiante sobre paneles de aislante plano. La instalación de estos carriles es sencilla y dota al instalador de flexibilidad a la hora de trazar los conductos en línea recta o darle curvatura.

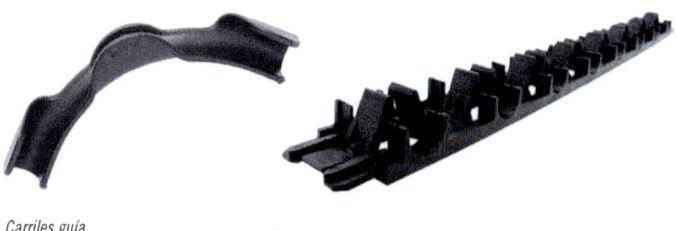

Carriles guía

 **Actividades**

8. Busque información en internet sobre los fabricantes de aislantes preformados y lisos para instalaciones de suelo radiante. Enumere las ventajas que los fabricantes señalan para cada sistema. ¿Qué inconvenientes encuentra?

4.4. Tipos de tuberías

Las tuberías que se emplean para distribuir el agua caliente a través de todo el sistema de suelo radiante deben presentar unas características mecánicas y técnicas adecuadas, además de presentar un buen comportamiento en el tiempo.

Los tres tipos de tuberías más comunes que podemos encontrar son:

- **Tuberías de polietileno reticulado.** Estas tuberías cuentan con una barrera que evita el paso de oxígeno gracias capa de alcohol de vinilo etileno que recibe el nombre de EVAL, que evita en gran medida el paso de oxígeno evitando la oxidación de las partes metálicas de la instalación.
- **Tuberías multicapa.** Estas tuberías cuentan con una capa interior de aluminio que las hacen impermeable al oxígeno, además cuentan con un recubrimiento exterior de polietileno.
- **Tubería de polibutileno.** Al igual que las tuberías de polietileno reticulado, las tuberías de polibutileno cuentan con una barrera de oxígeno compuesta por una capa de EVAL.

Las tuberías que se emplean para las instalaciones de suelo radiante deben ser resistentes a los aditivos que incorporen el mortero u hormigón de recubrimiento.

Tubería de polietileno reticulado

Estas tuberías se fabrican con cadenas de polietilenos de alta calidad, que han sido reticulados mediante silano o peróxido y recubierta de una capa de EVAL. Las tuberías de polietileno reticulado son flexibles y fuertes, además de resistentes al paso del oxígeno.

Tubería de polietileno reticulado

Las ventajas de emplear tuberías de polietileno reticulado en las instalaciones de suelo radiante son:

- Facilidad de instalación.
- Muy buena flexibilidad, lo que permite trazar curvas con radios de curvatura muy pequeños.
- Buena resistencia al paso del fluido.
- Capacidad de soportar temperaturas y presiones elevadas.
- Capacidad de soportar impactos accidentales.

Tubería multicapa

Esta clase de tuberías la conforman tres capas, de ahí que reciba el nombre de multicapa. La capa más interna y que se encuentra en contacto directo con el fluido térmico está formada por polietileno reticulado, a la que se le adhiere una capa de aluminio, que a su vez, soporta la capa más externa de la tubería compuesta por polietileno. La unión de la capa de aluminio con el resto de capas se realiza mediante adhesivo.

Tubería multicapa

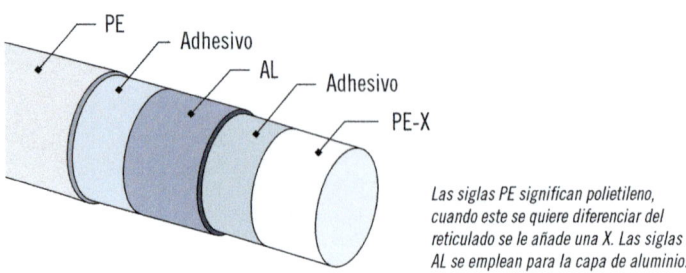

Las siglas PE significan polietileno, cuando este se quiere diferenciar del reticulado se le añade una X. Las siglas AL se emplean para la capa de aluminio.

Las tuberías multicapa presentan las propiedades favorables de una tubería metálica, con la construcción y ventajas de una tubería a base de polímeros. Además de ser impermeable al paso del oxígeno gracias a la capa de aluminio, presenta una menor dilatación que las tuberías de polímero reticulado, así como una buena resistencia a la corrosión y cierta capacidad plástica, con lo que permite mantener una deformación más o menos estable.

Tuberías de polibutileno

El polibutileno es un material termoplástico, flexible y fuerte que lo hace muy apto para instalaciones tanto de suelo radiante como sistemas de ACS. Posee una capa de EVAL, que actúa como barrera para prevenir el paso del oxígeno.

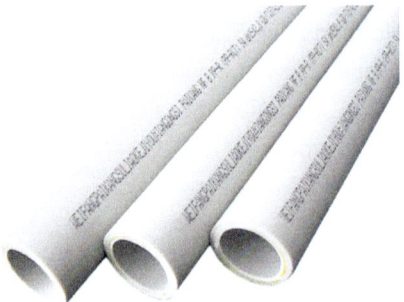

Tubería de polibutileno

El polibutileno es una capa protectora externa que protege la tubería de los posibles daños ocasionados durante la instalación. La tubería de polibutileno presenta las siguientes ventajas:

- Facilidad de manejo e instalación.
- Extremada flexibilidad, que le permite adoptar casi cualquier forma.
- Material elástico y resistente a impactos.
- Reciclable.
- Baja rigidez que lo hacen idóneo para soportar aumentos de volumen puntuales.

Actividades

9. Según lo estudiado, ¿qué diferencia constructiva existe entre una tubería de polibutileno y otra de polietileno reticulado?

4.5. Armarios y colectores

Los colectores son sistemas que controlan y distribuyen el fluido a los distintos circuitos que conforman la red de tuberías de calefacción por suelo radiante. Por tanto, la misión del colector es la de recibir el fluido de una sola vía procedente de la caldera y repartirlo en muchos circuitos.

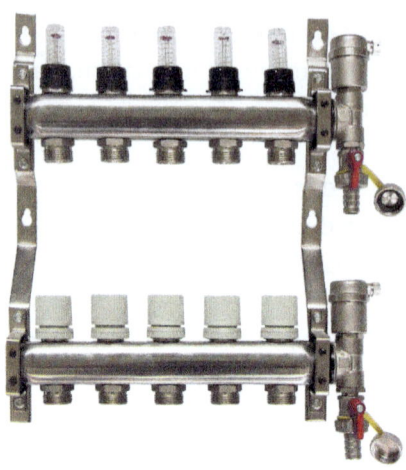

Colector para calefacción con suelo radiante

Para que el colector no se encuentre expuesto, se alojan en el interior de armarios que protegen la instalación contra posibles contactos indebidos.

Armario para colector

Los armarios para colectores pueden estar fabricados de diversos materiales o en diferentes geometrías según el fabricante, pero todos deben presentar unas dimensiones adecuadas para albergar en su interior todos los sistemas de control y seguridad correspondientes. Los armarios deben disponer de un número de salidas de tuberías acorde con la cantidad de circuitos instalados.

Como se ha comentado anteriormente, la función de los colectores en instalaciones de suelo radiante es la de ramificar en varios circuitos la instalación de calefacción. Cada circuito deberá contar con un colector de entrada y otro colector de retorno.

Importante

Cuando la instalación de suelo radiante abarque varias plantas, se instalará un colector para cada una, evitando que un mismo colector alimente a varias de ellas.

En la parte alta del colector deben situarse los circuitos de entrada o alimentación para poder purgar la instalación, además de facilitar la curvatura de los tubos.

Montaje de un colector de suelo radiante

El circuito de impulsión o entrada de agua caliente se posiciona en la parte alta y se distingue por el color rojo, mientras que el circuito de retorno situado en la parte inferior presenta el color azul.

Existen dos clases de colectores:

- **Colectores modulares.** Los colectores modulares se basan en la unión de tantos módulos de impulsión y retorno como sean necesarios, su ventaja es la posibilidad de realizar un gran número de combinaciones en un espacio muy reducido, además de la flexibilidad del sistema. Como desventajas podemos señalar que esta clase de colectores al poseer un mayor número de uniones existen más posibilidades de fuga. Otra desventaja es que aumenta los costes de instalación debido a que requiere más tiempo por parte del instalador para realizar el montaje de las uniones y módulos, además de la necesidad de asegurarse de que el equipo es capaz de soportar las presiones de trabajo.

Colector modular

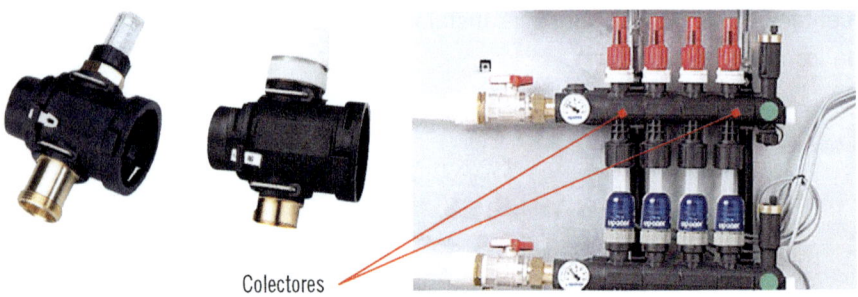

Colectores

- **Colectores no modulares.** Están fabricados en un solo bloque, con lo que los tiempos de montaje son menores ya que todo el montaje se realiza en fábrica. Además están probados y no existe riesgo de fugas. El inconveniente es que el instalador tiene menor flexibilidad a la hora de realizar la distribución de los circuitos y por tanto debe asegurarse muy bien del número de circuitos que va a derivar antes de pedir el colector.

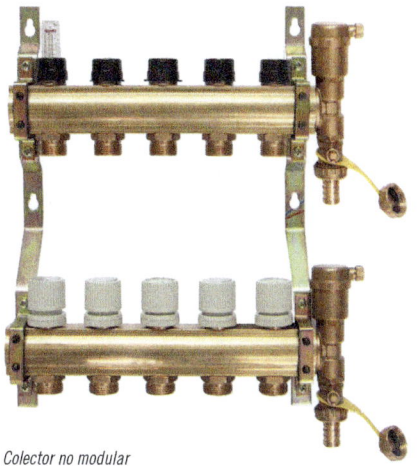

Colector no modular

Importante

En las instalaciones de suelo radiante, los colectores deben situarse en un punto céntrico de la vivienda, para reducir los metros de tuberías en los distintos circuitos.

Actividades

10. Explique la diferencia que existe entre un colector modular y otro no modular.

4.6. Fluidificantes y hormigones especiales

Los aditivos fluidificantes se añaden a hormigones para obtener o potenciar ciertas características técnicas; en el caso de fluidificantes para instalaciones de calefacción por suelo radiante, se busca una transmisión térmica homogénea exenta de fisuras. El fluidificante facilita la transmisión de calor y mejora la elasticidad del mortero adaptándose mejor a los cambios de volumen debido a las dilataciones.

La **Norma UNE-EN 934-2:2010+A1:2012** define los fluidificantes como aditivos incorporados en el momento del amasado del hormigón en una cantidad que no supera el 5 % y cuya función principal es la de disminuir el contenido de agua para mejorar o aumentar la trabajabilidad del hormigón o mortero sin producir segregación.

También existen superfluidificantes cuyas características son similares a los fluidificantes, pero con efectos más notorios.

Mortero con fluidificante para instalación de calefacción por suelo radiante. Imagen representativa de cómo actúa un fluidificante, el mortero es totalmente líquido penetrando en todos los huecos y manteniendo las características de resistencia.

Las principales funciones que realiza un aditivo fluidificante en un mortero son:

1. Retardar el tiempo de fraguado para reducir o eliminar el contenido de aire o burbujas en el interior del mortero, consiguiendo una mejor compactación del mismo.
2. Mejorar la fluidez del mortero para ganar en trabajabilidad y asegurar un recubrimiento total de las tuberías del circuito.

3. Conferir cierto grado de elasticidad al mortero. Cuando se hace pasar agua caliente por los circuitos, se aumenta la temperatura del mortero produciendo dilataciones térmicas que pueden generar grietas o fisuras, con el fluidificante se reducen estos inconvenientes.

En muchas ocasiones, cuando se recurre a un fluidificante para morteros u hormigones especiales, se suele combinar con más aditivos como retardantes, oclusores de aire, acelerantes, etc., que mejoren las características del hormigón. Se aconseja que siempre que se realicen combinaciones de aditivos se realicen ensayos previos que permitan verificar el grado de certeza en las propiedades deseadas.

 Aplicación práctica

Va a realizar una instalación de suelo radiante con aislamiento preformado. La habitación por la que va a comenzar presenta una geometría rectangular con un lado de tres veces más longitud que el contiguo. La siguiente estancia es cuadrada y en el centro irá ubicado un enorme sofá y en dos paredes existen grandes ventanales.

Explique el tipo o los tipos de trazados de tuberías que va a realizar, argumente su elección.

SOLUCIÓN

En la primera estancia realizaré un trazado de tipo doble serpentín, ya que es un sistema sencillo y rápido de instalar y dejando hueco para el tubo de retorno consigo un buen reparto térmico del calor en la estancia.

En la estancia cuadrada emplearé un trazado de tipo espiral acumulando una mayor cantidad de tuberías de entrada en las paredes con grandes ventanales; por otra parte, en el centro del trazado las tuberías presentarán una mayor distancia, ya que no es necesario un gran aporte térmico.

5. Resumen

Los radiadores, aerotermos, fancoils y suelo radiante son distintos emisores de calor que emplean mecanismos de transmisión diferentes. La elección de un tipo u otro dependerá de las características térmicas requeridas, así como la posibilidad de instalar un sistema o el coste económico que el propietario de la instalación está dispuesto a asumir.

Para elegir de forma óptima el sistema de emisión de calor idóneo es necesario conocer el funcionamiento y los componentes que conforman cada sistema.

Las instalaciones de suelo radiante deben ser correctamente acondicionadas, para que el ahorro económico sea efectivo. Además, debe elegirse el material de las tuberías en función del tipo de trazado que se va a ejecutar, así como las características mecánicas deseadas.

Los fluidificantes son aditivos que mejoran las características térmicas del mortero u hormigón para reducir al mínimo posible las pérdidas de calor y la influencia de los cambios de volumen debido a las dilataciones térmicas que se producen en la instalación.

Ejercicios de repaso y autoevaluación

1. ¿Qué es la inercia térmica?

_____

_____

2. La cantidad de radiación que un elemento o superficie es capaz de emitir debido a la diferencia de temperatura existente entre esta y el fluido de su entorno recibe el nombre de...

    a. ... emitancia.
    b. ... transmisividad.
    c. ... emisividad.
    d. ... irradiancia.

3. Relacione.

    a. Radiador aluminio
    b. Radiador fundición
    c. Radiador acero

    __ Corrosión
    __ Económico
    __ Pesado

4. ¿Qué mecanismo de transferencia térmica emplean los fancoils? ¿Y los radiadores? ¿Y el suelo radiante?

_____

_____

_____

_____

5. Identifique las partes del siguiente sistema. ¿De qué sistema se trata? ¿Qué mecanismo de transmisión de calor emplea dicho sistema? ¿Qué desventajas encuentra en estos sistemas?

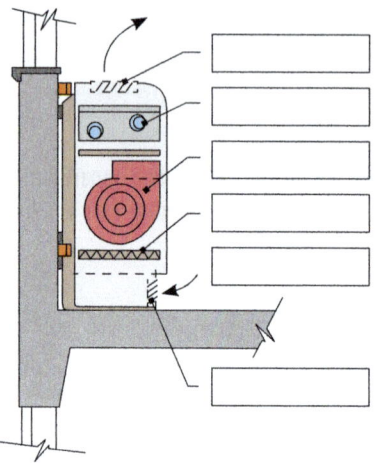

6. ¿Qué diferencia existe entre un sistema de calefacción por radiador y un fancoils?

_____

_____

_____

_____

7. El suelo radiante...

    a. ... realiza un reparto desigual del calor.

    b. ... presenta una emisividad muy baja.

    c. ... concentra mayoritariamente el calor en la parte alta de la estancia.

    d. Todas las opciones son incorrectas.

8. Realice un esquema que recoja el funcionamiento del sistema de calefacción por suelo radiante.

9. En la siguiente sopa de letras podrá encontrar ocho términos estudiados, búsquelos.

Z	E	R	A	D	O	N	C	O	Z	A
J	E	M	P	E	S	A	D	J	O	E
A	C	L	I	W	S	A	E	R	P	R
F	E	H	Y	S	L	U	M	A	G	O
H	S	I	E	A	I	E	O	D	H	T
W	Z	T	N	L	X	V	N	I	T	E
Q	T	A	Ñ	M	I	A	I	A	N	R
E	C	S	J	P	C	L	B	D	S	M
A	V	U	J	E	B	H	E	O	A	O
I	Y	O	Z	X	T	U	L	R	C	D
M	F	A	N	C	O	I	L	S	Ñ	L

10. ¿Qué elementos componen una instalación de suelo radiante?

_____

_____

11. ¿Cuáles son las funciones que realiza un aditivo fluidificante?

_____
_____
_____
_____
_____
_____
_____

12. Los colectores que se basan en la unión de tantos elementos de impulsión y retorno como sean necesarios, y que permite obtener un gran número de combinaciones en un espacio muy reducido reciben el nombre de...

    a. ... colectores universales.
    b. ... colectores en bloque.
    c. ... colectores modulares.
    d. ... colectores no modulares.

13. ¿Qué función realiza un colector en una instalación de suelo radiante?

_____
_____

14. ¿Qué tubería empleada en instalaciones de suelo radiante emplea una capa de aluminio como barrera impermeable al paso del oxígeno?

    a. Las tuberías de polietileno reticulado.
    b. Las tuberías multicapas.
    c. Las tuberías de polibutileno.
    d. Las tuberías EVAL.

15. Complete la siguiente imagen.

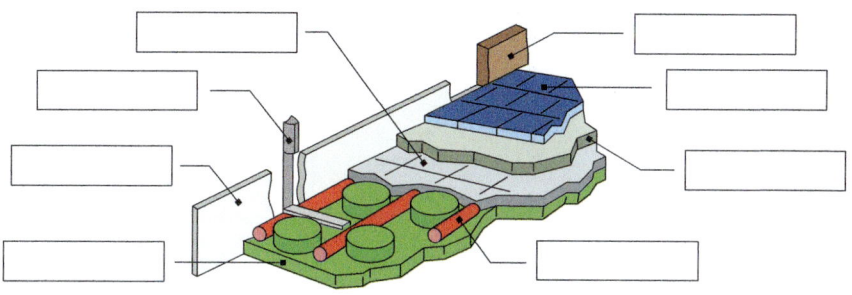

Capítulo 6
Regulación y control de instalaciones de calor

Contenido

1. Introducción

Tanto los sistemas de ACS como los sistemas de calefacción buscan aumentar el confort de las viviendas, edificios y estancias, por lo que el usuario de las instalaciones debe ser capaz de controlar y variar las temperaturas de servicio de dichas instalaciones.

Las instalaciones de calor se diseñan con el fin de aportar la energía térmica necesaria en función de las condiciones más críticas de la zona en la que se van a instalar y las características de la instalación; sin embargo, esto no quiere decir que los sistemas de producción de calor deban trabajar a su máximo rendimiento siempre, sino que debe ser regulado para aportar la temperatura de confort con el mínimo consumo energético posible. Debido a ello, surgen los sistemas de control, que permiten ajustar el suministro de calor al sistema en función de la demanda.

2. Control de instalaciones de calefacción y ACS

Durante el funcionamiento de las instalaciones de calor en edificios, los usuarios pueden variar la temperatura de las distintas estancias o apagar el sistema ajustándose a las necesidades de cada momento. Para que este control sea posible, las instalaciones se deben diseñar con los circuitos necesarios y dotarlos de mecanismos como válvulas, reguladores, sensores, etc.

También se puede dotar al sistema de control de centralitas automatizadas, que permiten producir calor ajustándose a la demanda y manteniendo siempre unos parámetros de confort y funcionamiento óptimos. Estos mecanismos pueden actuar de forma automática abriendo o cerrando distintos circuitos de calefacción, apagando o encendiendo las bombas y generadores, o regulando el paso de fluido por los circuitos mediante las correspondientes válvulas.

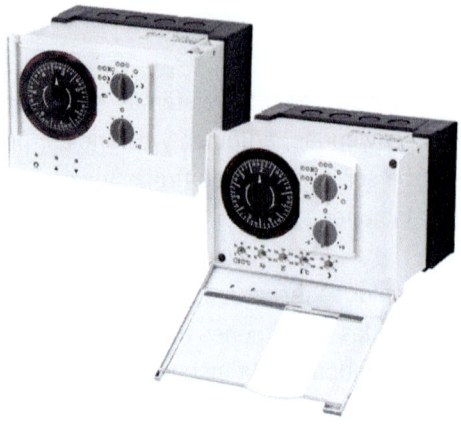

Sistema de control automático para calefacción

Actividades

1. ¿Existen sistemas de control automático en las instalaciones de calefacción de su vivienda o edificio donde trabaja o estudia? ¿Qué parámetros controla?

2.1. Conceptos básicos de control

Para estudiar los sistemas de regulación y control de las instalaciones de calor, debemos abordar previamente conceptos básicos como los que se citan a continuación:

- **Temperatura de consigna de una instalación de calor.** Es el valor de referencia térmico que el usuario desea establecer en una instalación, haciendo que el generador de calor aporte la energía necesaria o corte su producción, según se encuentre el valor de la temperatura fuera o dentro de un rango previamente establecido.
- **Sensor.** Los sensores, también llamados captadores, son dispositivos cuya misión es captar una magnitud física externa (temperatura, presión,

etc.) y transformarla en una señal eléctrica para ser interpretada por una unidad de control.

- **Actuador.** Un actuador realiza la operación contraria al sensor, transformando una señal eléctrica en una acción física, como puede ser la apertura de una válvula.
- **Termostato.** Un termostato es un dispositivo dotado de un elemento de variación térmica, que acoplado a un actuador controla la temperatura de una instalación o sistema de forma automática.

Actividades

2. Busque a través de internet distintos tipos de sensores y actuadores. ¿Qué parámetros se pueden controlar con estos dispositivos?

2.2. Tipos de controladores

Los controladores más empleados en los sistemas de calefacción o instalaciones de ACS son los sensores, las válvulas de regulación y los variadores de velocidad en las bombas.

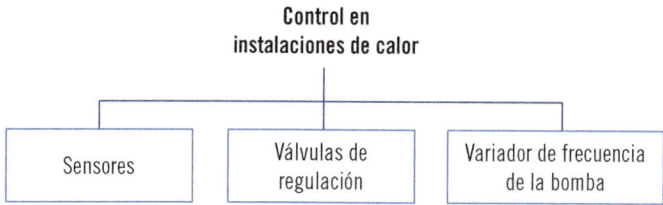

Sensores

El objetivo de los sistemas de calor es aportar una temperatura adecuada en el ambiente o en el agua de consumo. La manera más simple que el usuario de una instalación de calefacción tiene para controlar la temperatura de la estancia es mediante un **termostato de ambiente.**

Los termostatos de ambiente están formados por un **sensor** acoplado a un termómetro que, cuando desciende la temperatura hasta cierto nivel, manda la señal de arranque a la caldera, y cuando alcanza cierta temperatura, envía la señal necesaria al generador para que se apague.

Mediante un controlador horario se puede programar la caldera para que trabaje durante las horas de ocupación de la estancia o edificio.

 Sabía que...

Los cronotermostatos son equipos que incorporan, además de un sensor de tipo termostato, un programador que permite establecer tanto la temperatura de funcionamiento del sistema como el horario.

Es muy importante considerar la ubicación del termostato de ambiente a la hora de diseñar la instalación de calefacción; los termostatos se instalan generalmente en las estancias más concurridas, en el caso de viviendas su ubicación suele ser en el salón. Las zonas más habitadas alcanzan la temperatura rápidamente, por lo que el sensor puede mandar apagar la caldera, existiendo estancias sin alcanzar la temperatura mínima deseada. De igual manera, puede ocurrir justo al contrario, que el sensor mantenga conectada la caldera en estancias donde se supera la temperatura máxima establecida.

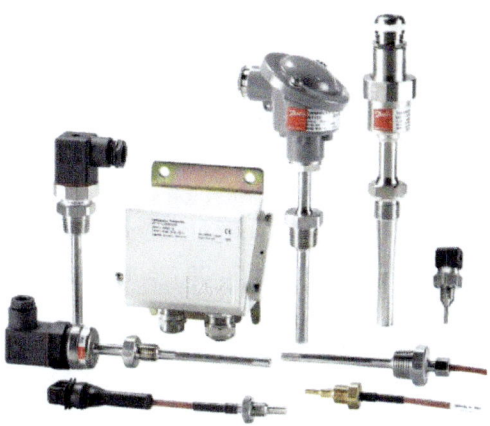

Diferentes sensores de temperatura para calefacción

Las instalaciones de agua caliente sanitaria, cuyo calor se obtiene de colectores solares, pueden estar provistas de dispositivos o sistemas sensores, mediante los cuales se puede controlar la temperatura del interior del depósito, limitando las posibilidades de daño de la instalación en el caso de sobrepasar las temperaturas de funcionamiento estimadas.

Válvulas de regulación

Las **válvulas** son dispositivos que permiten regular el paso de un caudal a través de una tubería o sistema.

En las instalaciones de ACS las válvulas de regulación pueden ser termostáticas o motorizadas. Las **válvulas termostáticas** actúan gracias a la acción de un elemento sensible a los cambios de temperatura, dejando el paso de la cantidad de agua caliente deseada. Las **válvulas motorizadas** son dispositivos que actúan gracias al movimiento producido por un motor.

Ambos dispositivos de regulación emplean acero inoxidable o bronce como materiales de construcción y en algunos casos puede emplearse ciertas aleaciones con características especiales.

A continuación se exponen los tipos de válvulas de regulación empleadas en las instalaciones de calor para edificios.

Válvula termostática

Las válvulas termostáticas pueden ser:

▌**De cuatro vías:** para su instalación en la salida de los depósitos o acumuladores. Permiten la circulación del agua de acumulación, la entrada de agua fría y la salida de agua caliente, más una cuarta vía que permite la recirculación del agua para mantener la temperatura del sistema gracias a la circulación activa del fluido. Además, el conducto de recirculación mejora la adaptación del sistema de agua caliente a las condiciones demandadas.

Válvula de cuatro vías

**Esquema de funcionamiento de una válvula de cuatro vías.
En la válvula de cuatro (A, R, P, T) vías un mecanismo de corredera accionado por un muelle y un circuito secundario (L) son los encargados de elegir la posición abierta o cerrada de los conductos**

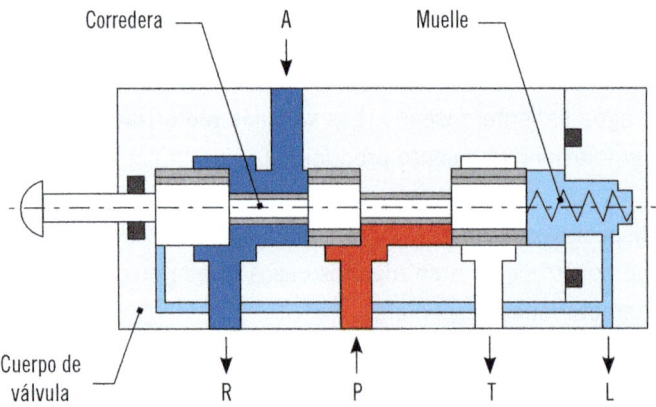

▌ **De tres vías:** para su instalación junto al punto de consumo. En este caso, no se dispone de circuito de recirculación y su misión es mezclar el agua caliente con el agua fría en el punto de consumo para suministrar las condiciones deseadas.

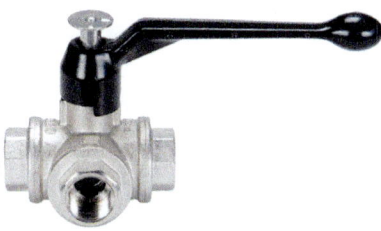

Válvula de tres vías

También existen válvulas de **dos vías** para montantes con recirculación, donde se pretende reducir el caudal de fluido circulante con el fin de mantener la temperatura de consigna del sistema.

Definición

Montantes
Son tuberías o sistemas de distribución de fluido térmico empleadas en las instalaciones de calefacción central, para enlazar el cuarto de calderas con la entrada particular del fluido térmico a cada vivienda.

Montantes en instalación de calefacción central para edificio de viviendas

Válvula motorizada

Las **válvulas motorizadas** son sistemas de tres vías con una entrada de acumulación, otra para el agua fría y una salida para el agua caliente. La diferencia con la válvula termostática de tres vías reside en el sistema de accionamiento de un servomotor que actúa regulando el caudal de agua en función de las señales enviadas por el sensor de temperatura.

Las válvulas motorizadas son más caras que las de tipo termostática, pero su respuesta a las variaciones de consumo que se producen en las instalaciones de ACS es mucho mayor, llegando a ser casi instantánea.

Válvula motorizada

 Actividades

3. Identifique en su vivienda las válvulas de las que dispone el circuito de agua caliente sanitaria. ¿Puede regular el caudal de agua caliente a la entrada o salida del generador térmico?

Al igual que para agua caliente sanitaria, las instalaciones de calefacción disponen de válvulas de regulación de tipo termostáticas, de forma que cuando el valor de la temperatura alcanza la de consigna, la válvula produce el cierre del circuito que pasa por el radiador de forma total o parcial, con el objeto de reducir la transmisión de calor al ambiente.

Recuerde

La temperatura de consigna es el valor de referencia térmico que el usuario desea establecer en una instalación térmica.

Las válvulas termostáticas deben colocarse en aquellas estancias en las que no exista un termostato de ambiente, ya que podría ocurrir que la estancia no alcanzara nunca la temperatura adecuada en el caso en el que la temperatura de consigna de la válvula sea menor que la del termostato. Además, como consecuencia puede producirse una descompensación térmica del resto de las estancias, ya que el sensor de temperatura podría registrar una temperatura menor como consecuencia del corte producido por la válvula, y hacer funcionar el generador elevando excesivamente la temperatura del resto de estancias.

Tampoco se recomienda la instalación de válvulas termostáticas en todos los emisores de calor, porque además del elevado coste económico de la instalación, se podría realizar el bloqueo simultáneo de todos los circuitos térmicos, aumentando la presión del sistema antes de que se produzca el corte de suministro de calor en la caldera. La válvula termostática va conectada en el cabezal del radiador a la entrada del fluido térmico.

Válvula termostática para radiador

En las instalaciones de calefacción se emplean válvulas motorizadas de tres vías con la misión de mezclar el fluido procedente de la caldera con el de retorno para conseguir una temperatura más homogénea en el sistema y un mejor aprovechamiento térmico que reduce el consumo del generador.

Detentor

El **detentor** es una válvula que regula la salida del fluido térmico del radiador. Suele colocarse en uno de los extremos inferiores del radiador. Gracias al detentor se puede aislar un emisor de calor o radiador del resto de la instalación, facilitando las labores de mantenimiento de la instalación. En instalaciones donde los emisores están colocados en serie formando un anillo, el detentor puede actuar como válvula de regulación, permitiendo la salida de más o menos de fluido térmico hacia el resto de radiadores.

Detentor

Actividades

4. Dibuje un pequeño esquema de las válvulas que instala un radiador conectado en serie.

Aplicación práctica

Está realizando el montaje de una instalación de calefacción en una biblioteca. Va a colocar el termostato de ambiente y en el esquema de la instalación no recoge la ubicación exacta del dispositivo. La sala cuenta con tres estancias diferenciadas: una zona de lectura muy amplia y en la que se concentra la mayor parte de las personas, y dos salas más pequeñas para la hemeroteca y consulta, que dispone de varios ordenadores con conexión a internet que emiten calor al ambiente. Indique en qué sala colocaría el termostato y exponga las razones.

SOLUCIÓN

En el caso de instalar el termostato en alguna de las salas más pequeñas, podría ocurrir que la sala estuviese a pleno funcionamiento con todos los equipos informáticos y de consulta, lo que haría que se alcanzase la temperatura de la estancia rápidamente, enviando el sensor la señal para apagar el generador y dejando la estancia más habitada fría al no alcanzar la temperatura deseada. Por lo tanto, el sensor de ambiente irá instalado en la sala más concurrida; si fuese preciso se instalaría una válvula termostática automática en el circuito de calefacción de las estancias más pequeñas, para que en caso de que la temperatura sea excesiva proceda al cierre automático del circuito, mejorando el confort de la estancia y la eficiencia del sistema.

Variación de frecuencias en bombas

Aumentando o disminuyendo la velocidad de circulación del fluido térmico a través de la caldera o colector térmico se varía la temperatura del sistema. En el caso de instalaciones de calefacción, cuando se quiere conseguir un aumento térmico del fluido, este se hace circular por el serpentín de la caldera a una velocidad más baja, de forma que se aumenta la temperatura. En los emisores ocurre de forma similar, cuanto más baja es la velocidad de circulación del fluido, más tiempo de emisión térmica presenta; sin embargo, la velocidad de circulación puede ser tan baja que en un sistema de emisores en serie los últimos dispositivos pueden no llegar a alcanzar la temperatura deseada.

Para instalaciones de agua caliente sanitaria (ACS) donde se emplean colectores solares como fuente de calor, el aumento o disminución de la temperatura del agua dependerá de la velocidad de circulación a través del circuito de captación solar, ya que en estos casos no se puede variar la potencia del foco emisor de calor.

La variación de la velocidad de un fluido a través de la red de conductos se consigue mediante la modificación de la frecuencia de las bombas que lo hacen circular. Las bombas pueden montar sistemas de control de velocidad que varían la frecuencia de funcionamiento de forma automática, o bien disponer de una serie de velocidades fijas para su accionamiento manual.

Dispositivo variador de frecuencia para bombas

La variación de la frecuencia en las bombas persigue la adaptación del sistema a la demanda energética o de suministro de agua caliente, además de mejorar la eficiencia de la instalación reduciendo el consumo energético.

Los sistemas de variación de frecuencia presentan la ventaja de reducir el nivel de ruido en las conducciones.

En las bombas automatizadas, la presión del sistema y la velocidad del fluido están continuamente ajustadas a la demanda del sistema, con lo que cuando el sistema requiere un mayor consumo y la presión disminuye, el variador de frecuencias actúa sobre la bomba para compensar la descarga; en el caso contrario, para demandas muy bajas, el variador de frecuencia disminuye la velocidad de la bomba, llegando incluso a apagarla si fuese necesario.

Otros modos de ajuste de la bomba a la demanda

Además de variar la frecuencia de funcionamiento de las bombas, el funcionamiento de la bomba se puede ajustar a la demanda del sistema mediante varios modos:

1. **Establecer en la bomba una presión de suministro constante, pero modificando el caudal que pasa por la misma.** Sistema empleado para viviendas unifamiliares o edificios residenciales pequeños.
2. **Establecer una presión variable dependiente del caudal,** de forma que cuando el caudal se modifique también lo haga la presión para ajustarse a la demanda.
3. **Establecer una presión variable, pero independiente del caudal,** de forma que tanto el caudal como la presión se ajustan de forma independiente a la demanda del sistema.

 **Actividades**

5. Busque información a través de internet de los precios de todos los sistemas de control y regulación de los sistemas estudiados. Según esa información, ¿qué dispositivo cree que presenta una forma viable económica y técnicamente para el control del suministro de agua caliente en un edificio residencial con sistemas de colector solar?

Aplicación práctica

Un edificio de viviendas de nueva construcción lleva instalado un colector térmico para el abastecimiento de ACS de todo el edificio. La instalación cuenta con varios depósitos para la acumulación del agua caliente. Usted es el técnico encargado de realizar el conexionado de los circuitos de los depósitos y viviendas. ¿Qué sistema de válvulas establecería para que el reparto térmico entre los circuitos y depósitos fuese lo más homogéneo y eficiente posible?

SOLUCIÓN

Instalaría un sistema de válvulas de cuatro vías a la salida del colector para permitir la recirculación del agua de acumulación, que mantenga la temperatura del sistema homogénea gracias a la circulación activa del fluido. Además, el conducto de recirculación mejora la adaptación del sistema de agua caliente a las condiciones demandadas.

3. Telegestión

Gracias a las nuevas tecnologías y en concreto al desarrollo de la domótica y las redes de telecomunicaciones, es posible modificar el funcionamiento de un sistema de manera remota desde cualquier parte del planeta.

La **telegestión** es una herramienta que permite controlar y gestionar los sistemas de una vivienda de manera directa a través de una red de comunicaciones.

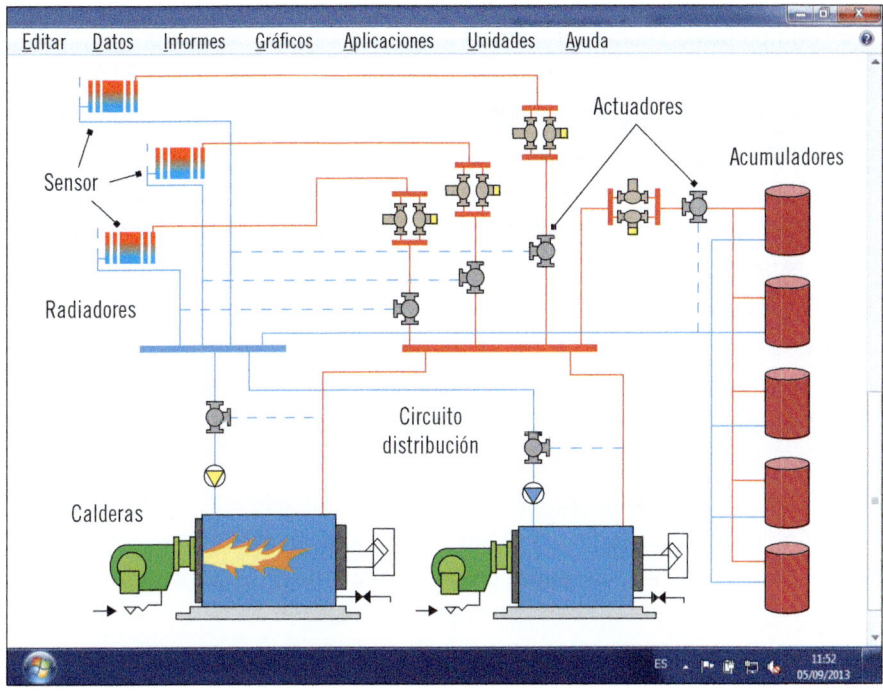

Interfaz de sistema de telegestión para calefacción

Por medio de una serie de actuadores y sensores y una conexión a una red de telecomunicaciones, el usuario puede controlar la instalación ajustándola en todo momento a los parámetros deseados. Además, la telegestión permite a las empresas mantenedoras de las instalaciones acceder a los datos de forma remota, reduciendo los tiempos de análisis de la instalación y facilitando el control de los equipos, además de la solución de ciertas incidencias a distancia.

Además, la telegestión de las instalaciones permite conocer los datos de funcionamiento de un sistema o equipo de forma instantánea y permite un control inteligente de los consumos en función de las demandas esperadas.

Los sistemas de medida, tales como los contadores de agua, pueden realizar sus lecturas mediante telegestión. Desde el punto de vista de la eficiencia energética en instalaciones para viviendas, la telegestión constituye un elemento con unas enormes posibilidades y un potencial aún por desarrollar en el ámbito de la gestión energética de la vivienda.

El equipo básico necesario para la telegestión está formado por:

- Un ordenador o CPU que trabaje con la interfaz de la instalación y actúe como puente entre las señales digitales del usuario y la instalación.
- Actuadores y sensores: son los dispositivos que al recibir la señal correspondiente actúan sobre la instalación o mandan una señal hacia el usuario.
- La interfaz: muestra las señales recibidas por los sensores y las presenta en una pantalla gráfica, de forma que facilita su análisis.
- Dispositivos inalámbricos y conexión a internet o cualquier sistema de telecomunicaciones: son los dispositivos y los medios encargados de enviar la señal hacia el usuario ubicado en una zona remota.
- Mando del usuario: el usuario, mediante su teléfono móvil, tableta u ordenador conectado a la red de telecomunicaciones puede actuar, controlar, gestionar o consultar cualquier parámetro de la instalación.

Esquema de un sistema inalámbrico

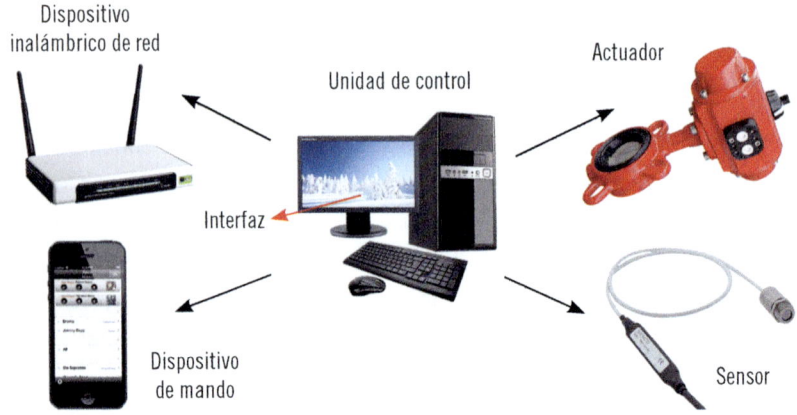

Actividades

6. Investigue en internet las posibilidades que ofrece a nivel de usuario un sistema de telegestión de la calefacción. ¿Qué acciones cree que podría llevar a cabo con un sistema de telegestión?

7. ¿Cree que la telegestión para edificios e instalaciones domésticas será una aplicación muy extendida en el futuro? Explique por qué y exponga algunos ejemplos.

4. Resumen

Los sistemas de control en las instalaciones de calor, como son el agua caliente sanitaria y la calefacción, son necesarios para mantener el confort de los usuarios y permitir ajustar los valores térmicos en función de la demanda.

Además, una instalación que disponga de los oportunos elementos de control y regulación es más eficiente, ya que consume menos recursos al adaptarse rápidamente a las exigencias energéticas requeridas en cada momento, evitándose situaciones de aumentos de consumo energético en condiciones puntuales.

Los sistemas que permiten regular y controla una instalación de ACS y/o calefacción están compuestos por sensores, válvulas de regulación y variadores de frecuencia. Además, la telegestión permite al usuario controlar de forma remota los valores de la instalación, con lo que permite accionar el sistema de calefacción desde el trabajo y consiguiendo una temperatura adecuada a la vuelta a casa, sin tener que esperar a que el sistema adquiera la temperatura y consumiendo más recursos al instalarlo a máxima potencia. También el sistema de telegestión permite a la empresa encargada del mantenimiento de la instalación un servicio personalizado de manera rápida y eficaz.

Ejercicios de repaso y autoevaluación

1. ¿Qué es la temperatura de consigna?

_____

_____

2. Complete.

```
              Control en
           instalaciones de calor

    ┌────────────────┼────────────────┐
 ┌──────────┐   ┌──────────┐   ┌──────────┐
 │          │   │          │   │          │
 └──────────┘   └──────────┘   └──────────┘
```

3. Un termostato de ambiente es:

    a. Una válvula.
    b. Un sensor.
    c. Un variador de frecuencias.
    d. Ninguna de las anteriores.

4. ¿Qué sistema se puede emplear para limitar las posibilidades de daño de la instalación en el caso de sobrepasar las temperaturas de funcionamiento estimadas en los depósitos de agua caliente para instalaciones con colectores solares?

_____

_____

5. **Indique si la siguiente afirmación es verdadera o falsa. Corríjala en caso de ser falsa.**

Las válvulas son dispositivos que permiten regular la velocidad del caudal a través de una tubería o sistema. En las instalaciones de ACS las válvulas de regulación pueden ser motorizadas o presostáticas.

6. **El detentor es:**

    a. Una válvula que se encuentra a la entrada del radiador.
    b. Un sensor de temperatura en el depósito de acumulación.
    c. Una válvula que se encentra a la salida del radiador.
    d. Una válvula que se encuentra a la entrada del depósito acumulador.

7. **A continuación se muestra una imagen. Complétela e indique a qué esquema se corresponde. Explique brevemente su funcionamiento.**

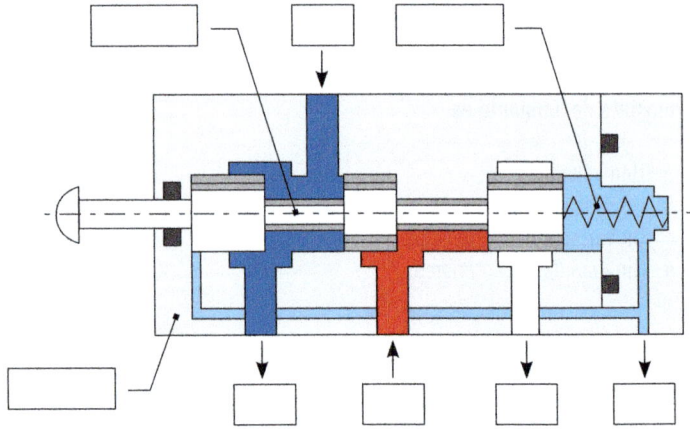

8. Los equipos que incorporan, además de un sensor de tipo termostato, un programador que permite establecer tanto la temperatura de funcionamiento del sistema como el horario, reciben el nombre de...

    a. ... termostato programable.
    b. ... central de control térmico.
    c. ... cronotermostato.
    d. ... sonda termostática.

9. Identifique los siguientes dispositivos.

1.    2.    3.

10. ¿Para qué sirve un variador de frecuencias?

_____
_____

11. Además del variador de frecuencias, ¿cómo se puede ajustar el funcionamiento de una bomba a la demanda energética?

_____
_____
_____
_____
_____
_____
_____

12. **Indique si la siguiente afirmación es verdadera o falsa. En caso de ser falsa, corríjala.**

La telegestión es una herramienta que permite controlar y gestionar los sistemas de una vivienda de manera directa a través de una red de comunicaciones.

13. **¿Qué elementos componen un sistema básico de telegestión?**

_____

_____

_____

_____

_____

_____

_____

14. **¿Qué dos dispositivos de control puede instalar un radiador?**

_____

_____

15. **Las válvulas termostáticas actúan gracias a la...**

       a. ... acción de un servomotor.
       b. ... acción de un elemento sensible a los cambios de temperatura.
       c. ... acción de una central de control motorizada.
       d. ... acción de un cronotermostato.

Capítulo 7

Diseño eficiente de las instalaciones de calefacción y ACS

Contenido

1. Introducción

Realizar un diseño eficiente de una instalación implica conocer todos los elementos que intervienen en el proceso. Para la generación de agua caliente y calefacción, debe estudiarse la eficiencia de los equipos generadores de calor.

Diseñar las canalizaciones de manera eficiente permite reducir pérdidas de calor a lo largo de la distribución en las redes de tuberías, además de evitar pérdidas de presión en el circuito.

El control de las instalaciones, además de aumentar el confort de los usuarios, mejora la eficiencia en el funcionamiento de la instalación, reduciendo el consumo de energía y ajustándose a la demanda del usuario.

Un diseño eficiente de los edificios y sus instalaciones permite reducir el uso de fuentes energéticas convencionales, que resultan más caras y menos respetuosas con el medio ambiente.

Los diseños eficientes de las instalaciones de calefacción y ACS de los edificios mejoran la calidad térmica del ambiente, la calidad acústica y aumenta la higiene del aire interior de las estancias.

2. Eficiencia en la generación de calor

En instalaciones de generación de calor, la **eficiencia** mide el grado de aprovechamiento del combustible empleado por la caldera para la generación de calor, bien sea para su utilización en instalaciones de agua caliente o para sistemas de calefacción.

Un sistema será más eficiente cuanto menor sean sus pérdidas, sin embargo la eficiencia de cualquier caldera será siempre menor del 100 %, ya que es imposible construir una máquina sin pérdidas.

Por otra parte, cuando se estudie la eficiencia de una caldera se debe tener claro el concepto de **rendimiento,** que en el caso de las calderas se refiere a la relación existente entre la cantidad de calor generada por el combustible y la cantidad de calor absorbida por el fluido térmico o agua.

Por lo tanto, debe tenerse claro que la eficiencia mide la cantidad de calor que se ha generado gracias al poder calorífico de un combustible, mientras que el rendimiento de una caldera se obtiene averiguando, del calor generado por el combustible, qué cantidad ha absorbido el agua para su aumento de temperatura.

Eficiencia y rendimiento en las instalaciones de calefacción y agua caliente sanitaria

Para realizar un correcto análisis de eficiencia en la generación de calor, se debe establecer un esquema que identifique y recoja todos los aparatos y dispositivos que entran en juego en el proceso de generación; de igual forma se tendrá que realizar para redes de distribución e instalaciones de control.

El estudio de la eficiencia energética se basa en la realización de balances energéticos y de materia de todos los elementos que entran en juego en la instalación, a partir de mediciones de valores y parámetros y calculando sus rendimientos, para posteriormente ser analizados con detalle en los puntos de pérdida de energía.

Definición

Balance de masa
Se emplea en el estudio de eficiencia energética para determinar la composición y el caudal de los elementos circulantes por el interior de la instalación.

Balance de energía
Los balances de energía en instalaciones generadoras se realizan estudiando la cantidad de calor entrante menos el calor saliente.

A continuación, se muestra la imagen de un balance másico de la combustión en una caldera.

Esquema del balance de masa en la combustión de una caldera

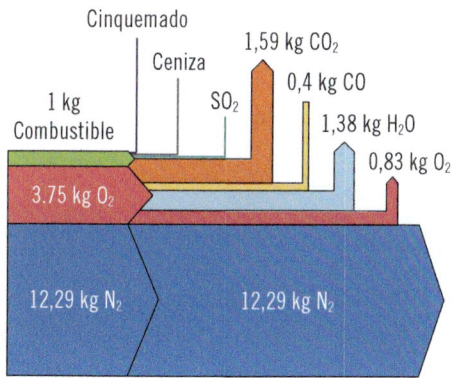

El balance de masa recoge los productos que entran en la caldera o generador de calor, en este caso son el combustible, nitrógeno (N_2) y oxígeno (O_2), necesarios para realizar la reacción de combustión. En la salida de la caldera debe estar recogida la misma cantidad de materia que entró, aunque con compuestos y proporciones diferentes debido a la reacción de combustión. Así, vemos que una parte muy pequeña del combustible no ha reaccionado produciendo cinquemado y cenizas que son pérdidas de combustible y que en todo el proceso el nitrógeno no reacciona con el combustible.

La eficiencia energética trata de minimizar al máximo posible las pérdidas producidas en un proceso energético.

2.1. Ejemplo de cálculo de las pérdidas de energía en las paredes de una caldera

Se va a calcular las pérdidas de energía en las paredes de una caldera mediante el balance energético obtenido del resultado de las mediciones de temperatura y calor a la entrada y salida, para explicar cómo se realiza el cálculo de la eficiencia energética.

 Nota

El calor específico de un material o elemento es la cantidad de calor que debe suministrarse a una unidad de masa para elevar su temperatura 1 °C.

Los datos que se tienen son los siguientes:

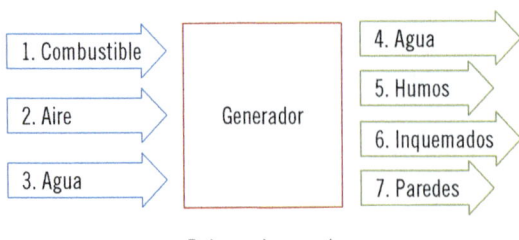

Esquema balance de energía de una caldera

Balance de energía

$$①+②+③=④+⑤+⑥+⑦$$

1. Combustible: masa (m) = 1 kg, calor específico (Ce) = 500 kJ/kg.
2. Aire: masa = 4kg, calor específico = 1 kJ/Kg·°C, T = 25 °C.
3. Agua (entrada): masa = 1,5 kg, calor específico = 4,18 kJ/kg·°C, T = 25 °C.
4. Agua (salida): masa = 1,5 kg, calor específico = 4,18 kJ/kg·°C, T = 60 °C.
5. Humos (aire de salida) = 4kg, calor específico = 1 kJ/Kg·°C, T = 90 °C.
6. Inquemados: 2 % masa del combustible.
7. Paredes Q = ¿?

Solución

Despreciando la temperatura del combustible, el calor aportado se calcula mediante la expresión:

$$Q_1 = m \cdot Ce = 1 \text{ kg} \cdot 500 \text{ kJ/kg} = 500 \text{ kJ}$$

Para calcular el calor del aire teniendo en cuenta la temperatura aplicamos la ecuación del calor:

$$Q_2 = m \cdot Ce \cdot T = 4 \text{ kg} \cdot 1 \text{ kJ/Kg·°C} \cdot 25 \text{ °C} = 100 \text{ kJ}$$

El resto se calcularía igual.

$$Q_3 = m \cdot Ce \cdot T = 1,5 \text{ kg} \cdot 4,18 \text{ kJ/Kg·°C} \cdot 25 \text{ °C} = 156,75 \text{ kJ}$$
$$Q_4 = m \cdot Ce \cdot T = 1,5 \text{ kg} \cdot 4,18 \text{ kJ/Kg·°C} \cdot 60 \text{ °C} = 376,2 \text{ kJ}$$
$$Q_5 = m \cdot Ce \cdot T = 4 \text{ kg} \cdot 1 \text{ kJ/Kg·°C} \cdot 90 \text{ °C} = 360 \text{ kJ}$$
$$Q_7 = m \cdot Ce = 1 \text{ kg} \cdot 0,02 \cdot 500 \text{ kJ/kg} = 10 \text{ kJ}$$

Balance energético:

$$Q_1 + Q_2 + Q_3 = Q_4 + Q_5 + Q_6 + Q_7$$
$$500 + 100 + 156,75 = 376,2 + 360 + 10 + Q_7$$
$$756,75 = 746,2 + Q_7$$
$$Q_7 = 756,75 - 746,2 = 10,55 \text{ kJ}$$

Se producen unas pérdidas de 10,55 kJ en las paredes de la caldera, si queremos calcular la eficiencia energética tendremos que expresar los resultados en valores porcentuales:

$$Eficiencia = \frac{746,2 \cdot 100}{756,75} = 98,6 \ \%$$

Una medida para mejorar la eficiencia de la caldera sería, por ejemplo, aumentar el grado de aislamiento de las paredes de esta.

 Actividades

1. ¿Por qué cree que es importante valorar la eficiencia de una caldera en una instalación de generación de calor?

 Aplicación práctica

Trabaja en una empresa que se dedica a la fabricación de calderas y debe evaluar la eficiencia energética que presenta un nuevo equipo. Los datos que tiene son:

I Emplea 1,2 kg de combustible de Ce = 600 kJ/kg para la generación de calor.
I La masa de aire que necesita para la combustión es de 4,8 kg a Tª 25 °C y sale como humos a la temperatura de 83,5 °C.
I El equipo calienta una masa de agua (Tª = 25 °C) de 1,7 kg a la temperatura de 57,5 °C.
I El porcentaje de elementos inquemados es del 3,3 %.

Nota: se debe contar con las pérdidas térmicas que se producen en las paredes de las calderas.

Continúa en página siguiente >>

<< Viene de página anterior

SOLUCIÓN

Primero debemos realizar un esquema que muestre los calores de entrada y salida del calor en el la caldera.

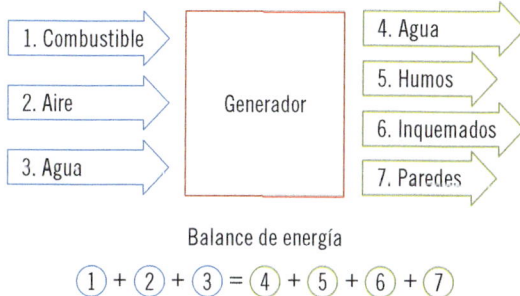

Balance de energía

$$(1) + (2) + (3) = (4) + (5) + (6) + (7)$$

A continuación, se realizan el cálculo del calor de entrada y salida y se determina el calor que se pierde por las paredes.

$Q_1 = m \cdot Ce = 1,2 \text{ kg} \cdot 600 \text{ kJ/kg} = 720 \text{ kJ}$
$Q_2 = m \cdot Ce \cdot T = 4,8 \text{ kg} \cdot 1 \text{ kJ/Kg·°C} \cdot 25 \text{ °C} = 120 \text{ kJ}$
$Q_3 = m \cdot Ce \cdot T = 1,7 \text{ kg} \cdot 4,18 \text{ kJ/Kg·°C} \cdot 25 \text{ °C} = 177,65 \text{ kJ}$
$Q_4 = m \cdot Ce \cdot T = 1,7 \text{ kg} \cdot 4,18 \text{ kJ/Kg·°C} \cdot 57,5 \text{ °C} = 408,595 \text{ kJ}$
$Q_5 = m \cdot Ce \cdot T = 4,8 \text{ kg} \cdot 1 \text{ kJ/Kg·°C} \cdot 83,5 \text{ °C} = 400,8 \text{ kJ}$
$Q_7 = m \cdot Ce = 1,2 \text{ kg} \cdot 0,033 \cdot 600 \text{ kJ/kg} = 23,76 \text{ kJ}$

Balance energético:

$Q_1 + Q_2 + Q_3 = Q_4 + Q_5 + Q_6 + Q_7$
$720 + 120 + 177,65 = 408,595 + 400,8 + 27,76 + Q_7$
$1.017,65 = 837,155 + Q_7$
$Q_7 = 897,65 - 837,155 = 180,495 \text{ kJ}$

Se producen unas pérdidas de 180,495 kJ en las paredes de la caldera, si queremos calcular la eficiencia energética tendremos que expresar los resultados en valores porcentuales:

$$Eficiencia = \frac{837,155 \cdot 100}{1.017,65} = 82,26 \ \%$$

3. Eficiencia en la distribución: redes de tuberías

En los sistemas de generación es donde se realiza el aumento de temperatura del fluido térmico, pero estos han de ser distribuidos hacia el punto de consumo o los receptores térmicos (emisores de calor, radiador, etc.).

Tuberías para la circulación de agua caliente o fluido térmico

Las tuberías que transporten el agua caliente o el fluido térmico deben presentar un trazado lo más corto posible entre el punto de generación y el punto de consumo térmico, además deben estar convenientemente aisladas para reducir al máximo posible las pérdidas de calor. Mediante el cálculo de las pérdidas de calor en tuberías y redes de distribución podemos establecer la cantidad de energía térmica que se desaprovecha y el aumento de consumo energético que produce, en definitiva, la eficiencia de la instalación de distribución.

Los factores principales que influyen en las pérdidas de calor en una red de distribución por tuberías son:

- El **diámetro de la tubería:** a mayor diámetro mayor superficie de contacto del fluido con la pared de la tubería.
- El **material de la tubería:** los polímeros son mejores aislantes térmicos que los metales como el cobre.
- La **velocidad de circulación del fluido por el interior de la tubería:** una velocidad de circulación excesivamente baja produce que el fluido esté más tiempo en contacto con la superficie de la tubería.

- El **material aislante y su espesor:** el grado de aislamiento del aislante empleado influye directamente en la cantidad de calor evacuado por la tubería.
- El **trazado de la red de tuberías:** los trazados deben ser lo más cortos posibles para reducir el tiempo de contacto del fluido con la superficie o pared de tubería, además debe tenerse en cuenta los materiales y el ambiente que va a recorrer. Puede ser conveniente aumentar el recorrido de la tubería para evitar paredes expuestas térmicamente a temperaturas muy bajas o trazados exteriores donde la tubería se vea afectada directamente por los cambios de temperatura del exterior. Lo ideal es evitar en la medida dc lo posible trazados de tuberías exteriores.

3.1. Ejemplo de cálculo de pérdidas y eficiencia de una tubería

En el siguiente ejemplo se muestra cómo se calculan las pérdidas y eficiencia de una tubería.

Se va a calcular las pérdidas y la eficiencia de una tubería; para ello se sabe que la temperatura de entrada del agua en la tuberías es de T = 65 °C, y la de salida al final de su recorrido es de T = 62,5 °C.

Datos: Ce = 4,18 kJ/°C, diámetro interior de la tubería (D) = 1,5 cm, longitud de la tubería (L) = 7 metros, velocidad del fluido por el interior de la tubería (v) = 0,8 m/s.

Solución

Para calcular el calor de entrada y salida, es necesario conocer el caudal circulante, que se calcula multiplicando el área interior de la tubería por la velocidad de circulación del fluido:

El área de la tubería es el área de una circunferencia (A) y se calcula mediante la expresión

$$A = \pi r^2$$

$$A = \pi r^2 = \pi \cdot (1{,}5 \cdot 10^{-2}\, m)^2 = 7 \cdot 10^{-4}\, m^2$$
$$Caudal(\dot{Q}) = A \cdot v = 7 \cdot 10^{-4} \cdot 0{,}8 = 5{,}65 \cdot 10^{-4}\, m^3 / s$$

Luego:

$$Q\ entrante = \dot{Q} \cdot Ce \cdot T = 5{,}65 \cdot 10^{-4} \cdot 4{,}18 \cdot 65 = 0{,}153 kJ \cdot m^3 / s$$
$$Q\ saliente = \dot{Q} \cdot Ce \cdot T = 5{,}65 \cdot 10^{-4} \cdot 4{,}18 \cdot 62{,}5 = 0{,}147 kJ \cdot m^3 / s$$

Balance de energía = Qentrante – Qsaliente – Qperdido

Qperdido = Qentrante – Qsaliente = 0,153 – 0,147 = 6 ·10⁻³ kJ· m³/s

$$Eficiencia = \frac{0{,}147 \cdot 100}{0{,}153} = 96\,\%$$

Con lo que observamos que el aislamiento de la tubería es insuficiente, ya que esta pierde un 4 % de calor.

En instalaciones generadoras y distribuidoras de calor, es muy importante realizar un mantenimiento continuo de las instalaciones para evitar pérdidas de eficiencia. En el caso de las tuberías debe comprobarse el espesor del aislante, ya que con el tiempo este puede desgastarse.

 Actividades

2. Busque en su domicilio o vivienda la instalación de agua caliente e identifique el tipo de distribución (enterrada, empotrada, al aire, etc.) y el grado de aislamiento con el que cuenta el sistema de tuberías. ¿Cree que se producen muchas pérdidas térmicas?

Aplicación práctica

Es el técnico encargado de evaluar la eficiencia térmica de un edificio. Procede a realizar el análisis de las pérdidas que se producen en la red de distribución interna. Con una sonda de temperatura mide la temperatura del fluido a la salida de la caldera, la cual marca Tª = 70 ºC. De igual forma procede a la medición de la temperatura en la entrada del radiador más alejado de la instalación (Tª = 42 ºC). Realice el cálculo del balance y la eficiencia energética del tramo de estudio.

Datos: Ce = 4,18 kJ/ºC, diámetro interior de la tubería (D) = 1,7 cm, velocidad del fluido por el interior de la tubería (v) = 1,2 m/s.

SOLUCIÓN

$$A = \pi r^2 = \pi \cdot (1,7 \cdot 10^{-2} \, m)^2 = 9 \cdot 10^{-4} \, m^2$$
$$Caudal(\dot{Q}) = A \cdot v = 9 \cdot 10^{-4} \cdot 1,2 = 1,09 \cdot 10^{-3} \, m^3 / s$$

Luego:

$$Q \; entrante = \dot{Q} \cdot Ce \cdot T = 1,09 \cdot 10^{-3} \cdot 4,18 \cdot 70 = 0,319 kJ \cdot m^3 / s$$
$$Q \; saliente = \dot{Q} \cdot Ce \cdot T = 1,09 \cdot 10^{-3} \cdot 4,18 \cdot 42 = 0,191 kJ \cdot m^3 / s$$

Balance de energía = Qentrante − Qsaliente − Qperdido
Qperdido = Qentrante − Qsaliente = 0,319 − 0,191 = 0,128 kJ· m³/s

$$Eficiencia = \frac{0,191 \cdot 100}{0,319} = 59,87 \; \%$$

Con lo que observamos que en la distribución del fluido por la tubería se producen pérdidas del 40,1 %.

4. Eficiencia en el control de instalaciones

Un inadecuado control en las instalaciones de calor aumenta considerablemente el consumo energético, haciéndolo muy ineficiente. Para tener un mayor control de las instalaciones de calor y aumentar su eficiencia, se pueden llevar a cabo las siguientes acciones:

■ Fraccionar la potencia. En instalaciones centralizadas el fraccionamiento de la potencia permite la selección de funcionamiento del número de equipos necesarios para cubrir la demanda de calor, además de facilitar la adaptación de la instalación a la variación de demanda, reduciendo el consumo energético y haciendo más eficiente el sistema.
En una instalación grande es más eficiente fraccionar la instalación para consumir menos combustible. Como ejemplo podemos citar la instalación de la imagen, si la demanda térmica fuera del 65 %, comenzarían a funcionar 4 de los 6 generadores, con lo que se genera la cantidad de calor necesario sin desperdiciar combustible. En cambio, si la instalación se compone de dos generadores, para cubrir una demanda del 65 % tendrían que funcionar los dos generadores haciendo que uno de ellos funcione a una capacidad mucho menor para la que ha sido diseñado, desviándose la instalación de rendimientos eficientes.

Instalación de calor fraccionada en seis generadores-acumuladores, con la capacidad de cubrir la demanda térmica de un edificio, adaptándose a cualquier consumo

- Sistemas reguladores para quemadores: las calderas y generadores de calor deben estar provistos de sistemas de regulación en sus quemadores, de forma que el suministro de combustible se ajuste a la mezcla, evitando combustiones con exceso de combustible que aumentan considerablemente los consumos.
- Las instalaciones de ACS deben instalar tantas llaves de paso, válvulas y sistemas de control como sean necesarias, con el fin de aumentar el control y la eficiencia del sistema. Los circuladores son dispositivos que obligan al fluido a circular a través de un conducto o tubería, reduciendo de esta forma el tiempo de exposición del fluido a las pérdidas por intercambio térmico que se producen en las paredes de las tuberías.

Circuladores para redes de distribución

 Aplicación práctica

Está realizando el diseño de la instalación de agua caliente y calefacción de un edificio de nueva construcción. Tras realizar el cálculo de la carga térmica necesaria para el edificio, consulta el catálogo de equipos térmicos y determina que puede realizar dos configuraciones, que son las siguientes:

I Un equipo que suministra la potencia máxima que requiere la instalación.
I Emplear tres equipos de menor potencia que el anterior y cuya suma es igual a la potencia máxima requerida.

¿Qué opción considera más eficiente y por qué?

Continúa en página siguiente >>

<< Viene de página anterior

SOLUCIÓN

Dado que se trata de una instalación de calor para un edificio, el fraccionamiento es una manera de mejorar el control de la instalación y la eficiencia de la misma. Por tanto, en el diseño del generador para la instalación del sistema de agua caliente y calefacción se elegirá la opción de tres equipos de menor potencia, de esta forma el sistema será eficiente tanto en demandas medias como en demandas energéticas pico.

5. Contabilización de consumos

En instalaciones centralizadas de calefacción y ACS de edificios, los consumos que se contabilizan son:

- La cantidad de ACS que consume el acumulador centralizado.
- El consumo de agua de la red.
- La cantidad de energía térmica (potencia) consumida por el generador o caldera.

Para contabilizar estos consumos se emplean contadores, en el caso del agua de la red y ACS, los dispositivos empleados contabilizan el volumen de agua que circula, mientras que la energía térmica se puede contabilizar bien mediante evaporímetros o caudalímetros.

El contador de agua de red funciona en unos valores de temperatura del agua comprendidos entre los 0 y los 30 °C y su instalación está supervisada por la compañía suministradora de agua. En cambio, los contadores de agua caliente trabajan a temperaturas comprendidas entre los 30 y los 90 °C.

En el Código Técnico de la Edificación se establece que los contadores de agua de la red de un edificio deben estar centralizados y ser fácilmente accesibles.

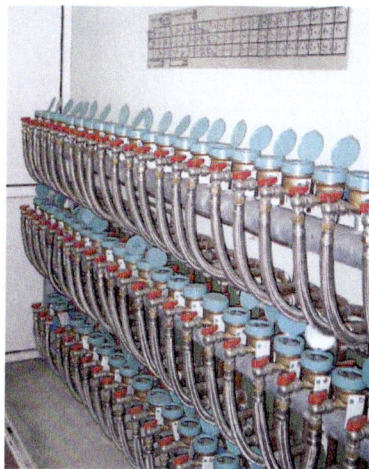

Contadores de
agua centralizados

Los contadores de agua son de dos tipos:

- **Contadores mecánicos:** disponen de una turbina que al circular el agua a través de ella acciona un contador formado por una ruleta o rueda donde, al girar, indica el volumen de agua consumida.
- **Contadores estáticos:** la medición del volumen de agua consumida en contadores estáticos se realiza bien mediante tecnología de ultrasonidos o por tecnología electromagnética.

En el caso de la contabilización del consumo térmico de la calefacción se emplean evaporímetros para la medición de la cantidad de calor dispensada por un radiador o emisor, o caudalímetros provistos de sondas de temperatura.

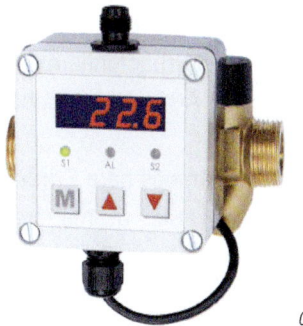

Caudalímetro

Actividades

3. Busque información sobre los puntos donde deben instalarse los contadores de agua fría que contabilizan el agua que entra procedente de la red de suministro.

6. Limitaciones en la utilización de la energía convencional

El Reglamento de Instalaciones Térmicas para Edificios restringe el uso de energía convencional (energía eléctrica) para la generación de calor, salvo en los siguientes casos:

- Instalaciones que cuenten con bomba de calor donde la relación de potencia eléctrica sea igual o inferior a 1,2.
- Instalaciones para locales alimentados por energías renovables que requieran el apoyo de fuentes energéticas convencionales, respetando un grado de cobertura de la demanda energética mínima anual por parte de la fuente renovable de 2/3 del total. Es decir, la fuente renovable debe cubrir al menos los 2/3 de energía demandada a lo largo del año por la instalación.
- Instalaciones térmicas que cuentan con sistemas generadores de calor que emplean dispositivos de acumulación que se encuentran desconectados durante las horas del día. Las instalaciones solares térmicas para agua caliente emplean sistemas de acumulación donde el aporte térmico durante las horas de sol lo realiza el sistema captador, pero además la instalación cuenta con un termo eléctrico para cubrir la demanda térmica del sistema en aquellas situaciones extraordinarias (varios días nublados, consumo excesivo de ACS por la noche, etc.).

El Reglamento de Instalaciones Térmicas para Edificios (RITE) promueve el uso de dispositivos y tecnologías renovables de manera eficiente. Organismos públicos como el Instituto para la Diversificación y Ahorro de la Energía (IDAE) cuenta con un amplio material referente al uso de las energías renovables, además de ahorro y eficiencia energética.

Actividades

4. Acceda a la Orden PCM/466/2022 en la que se establecen las medidas de ahorro y eficiencia energética de la Administración General del Estado y las entidades del sector público institucional estatal. ¿Cuáles son los objetivos que se pretenden? ¿Cree que se pueden llevar a cabo? En caso afirmativo, indique en qué porcentaje cree que se cumple en su localidad.

7. Calidad térmica del ambiente

La calidad térmica del aire del ambiente depende de los siguientes factores: la temperatura operativa del aire, la humedad relativa y la velocidad media del aire.

Definición

Temperatura operativa
Es el valor medio entre el valor de la temperatura radiante de un recinto y la temperatura seca del aire.

Humedad relativa
Es la cantidad de vapor de agua existente en el aire.

Velocidad media del aire
Es la medida de la velocidad media del viento.

Los valores correctos de la temperatura operativa y la humedad relativa de un recinto se establecen en función de la actividad que se lleve a cabo en la estancia y variarán en función de la época del año.

Para actividades sedentarias, los valores de temperatura operativa y la humedad relativa son:

Estación	Tª operativa (°C)	Humedad relativa (%)
Invierno	21-23	40-50
Verano	23-25	45-60

Nota

Para otras actividades, la temperatura operativa y la humedad relativa se pueden calcular mediante la Norma UNE-EN ISO 7730.

La elección adecuada de la velocidad media del aire en una estancia dependerá de la actividad que se desarrolle en su interior. Para valores de temperatura operativa entre 20 y 27 °C, podemos encontrar dos situaciones de cálculo:

1. Si el aire del interior de la estancia se hace circular con sistemas de difusión por mezcla (radiadores, suelo radiante, etc.) que generan altas corrientes de aire y gran cantidad de turbulencias, el límite máximo de la velocidad del aire se calcula mediante la expresión:

$$V = \frac{T^a operativa}{100} - 0,07 \ m/s$$

2. Si el aire del interior de la estancia se hace circular con sistemas de difusión por desplazamiento (ventiladores, convectores, fancoils, etc.)

que generan bajas corrientes de aire y pequeñas turbulencias, el límite máximo de la velocidad del aire se calcula mediante la expresión:

$$V = \frac{T^{a} operativa}{100} - 0,1 \; m/s$$

Actividades

5. De las actividades que se desarrollan en un edificio, ¿cuáles considera que son sedentarias y cuáles no? Compruebe sus respuestas comparándolas con la Norma UNE-EN ISO 7730.

8. Calidad e higiene del aire interior

La calidad e higiene del aire interior de los edificios están contempladas en el Código Técnico de la Edificación (CTE), en la sección HS 3.

Entre otros factores, la calidad del aire depende del número de renovaciones que se realice en el interior de la estancia y del caudal de ventilación.

El número de renovaciones de carga dependerá de la actividad que se realice en el interior de la estancia objeto de estudio. Para determinar el caudal mínimo de ventilación en las estancias de un edificio, el CTE establece la siguiente tabla.

Tabla de caudales de ventilación mínimos para una buena calidad de aire interior

		Caudal de ventilación mínimo exigido q_v en l/s		
		Por ocupante	Por m² útil	En función de otros parámetros
Locales	Dormitorios	5		
	Salas de estar y comedores	3		
	Aseos y cuartos de baño			15 por local
	Cocinas		2	50 por local
	Trasteros y sus zonas comunes		0,7	
	Aparcamientos y garajes			120 por plaza
	Alameces de residuos		10	

Además deben instalarse sistemas de ventilación (o extracción) forzada, independientes en las cocinas para eliminar los vapores y contaminantes producidos por la actividad de cocinar. En aquellos casos en los que sea necesario, se dispondrán rejillas para filtrar el aire de entrada a la estancia, especialmente en aquellas zonas muy expuestas al aire contaminado o con gran cantidad de polvo.

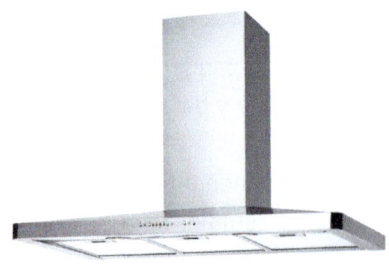

Extractor para cocina. Los extractores mejoran la calidad del aire del interior de una cocina, ya que absorben los vapores generados por la acción de cocinar.

9. Calidad del ambiente acústico

Las exigencias de calidad acústica del ambiente vienen recogidas en el Documento Básico HR, protección frente al ruido, del Código Técnico de la Edificación.

Las instalaciones de calefacción y ACS deben cumplir lo establecido en dicho documento. Entre las especificaciones más importantes que se deben tener en cuenta a la hora de diseñar y ejecutar una instalación de calefacción y ACS, se presentan las siguientes:

1. Los niveles de ruido y vibraciones estarán limitados de manera que se debe evitar la transmisión de dichos efectos a las estancias por medio de los dispositivos de anclaje o sujeción (tornillos, etc.).

2. También debe limitarse el nivel de ruido producido por los generadores de calor (calderas) y los elementos empleados para la distribución y circulación del agua caliente o fluido térmico (circuladores, bombas, tuberías, etc.), así como los elementos terminales como emisores o radiadores. Los niveles de ruido se reducen mejorando el aislamiento, disminuyendo la velocidad de circulación del fluido o eliminando cambios de sección y dirección bruscos.

3. La velocidad de circulación del fluido por el interior de un conducto estará limitada para evitar ruidos generados por las vibraciones.

4. El ruido de los equipos ubicados en las zonas externas no deberá superar los niveles establecidos en función de su potencia y ubicación según sean zonas residenciales, comerciales, etc. La Norma UNE EN 817 y el Código Técnico de la Edificación en el Documento Básico HR "Protección frente al ruido" establecen la normativa de referencia para los niveles de ruido según las condiciones de la instalación.

 Nota

La Organización Mundial de la Salud recomienda que los niveles de ruido en una estancia no superen los 55 dB (decibelios), la exposición continuada a valores superiores genera malestar y riesgos para la salud.

Una instalación de fontanería mal diseñada puede generar niveles de ruido excesivos que pueden resultar desagradables e incluso afectar al bienestar de las personas, como por ejemplo instalaciones que alteran o interrumpen el sueño durante el llenado nocturno de los depósitos o el uso de la ducha o servicio en estancias o domicilios contiguas.

Problemas como estrés, falta de descanso, dolor de cabeza, ansiedad, problemas digestivos, trastornos del sueño, etc. pueden ser causados o tener su origen en el ruido producido por las instalaciones de los edificios.

 Actividades

6. Investigue sobre las consecuencias que puede causar la exposición de las personas a niveles de ruido excesivamente altos.

10. Resumen

Un diseño eficiente de las instalaciones de calefacción y ACS reduce el consumo energético en las instalaciones gracias a la disminución de las pérdidas energéticas, además limita el uso de las energías convencionales, por lo que debe tenerse muy en cuenta el empleo de equipos y sistemas eficientes para la ejecución de las instalaciones.

Saber realizar un correcto balance energético y de masa en una instalación generadora de calor permite evaluar la eficiencia energética de una instalación aportando datos y parámetros de referencia.

En el estudio de la eficiencia de las instalaciones se debe tener en cuenta los sistemas de generación de calor, la red de distribución de la energía térmica y los sistemas de control.

El correcto diseño de las instalaciones de calefacción y ACS no solo mejora la eficiencia del sistema y los equipos, sino que mejora tanto la calidad térmica del ambiente como la higiene del aire interior.

Un buen diseño de las instalaciones de calor en un edificio mejora la calidad acústica del ambiente y del aire interior, para ello se deben conocer parámetros como la temperatura operativa que debe presentar el interior de una estancia o la velocidad a la que debe ser difundido el aire en el interior en función del mecanismo o dispositivo empleado.

Ejercicios de repaso y autoevaluación

1. ¿Para qué se emplea el balance de masa en el estudio de eficiencia energética?

_____
_____
_____
_____

2. ¿Qué factores influyen principalmente en las pérdidas de calor en una red de distribución por tuberías?

_____
_____
_____
_____

3. Indique si la siguiente afirmación es verdadera o falsa. En caso de que sea falsa, corríjala.

Un inadecuado control en las instalaciones de calor aumenta considerablemente el consumo energético, haciéndolo muy ineficiente.

4. La energía térmica de una instalación de calefacción se puede contabilizar mediante...

     a. ... contadores de presión.
     b. ... contadores electromagnéticos y de ultrasonidos.
     c. ... contadores de ultrasonidos y mecánicos.
     d. ... evaporadores y caudalímetros.

5. ¿Qué consumos se pueden contabilizar en instalaciones de calefacción y ACS centralizadas para edificios?

_____

_____

_____

_____

6. ¿De qué tipo pueden ser los contadores de agua?

   a. Fijos o estáticos.
   b. Estáticos o mecánicos.
   c. De ultrasonidos y electromagnéticos.
   d. De tipo evaporador.

7. Las instalaciones que cuenten con bomba de calor tienen limitado el uso de la energía convencional, salvo aquellas que cuentan con una relación de potencia...

   a. ... superior a 2 kw.
   b. ... inferior o igual a 1,2.
   c. ... superior o igual a 1,3 kwh.
   d. ... inferior o igual a 1,3.

8. ¿Qué es la temperatura operativa?

_____

_____

9. La humedad relativa idónea en invierno para una temperatura operativa de 22 °C es del...

   a. ... 40-50 %.
   b. ... 50-60 %.
   c. ... 45-60 %.
   d. ... 30-50 %.

10. ¿Qué dos tipos de sistemas pueden emplearse para hacer circular el aire por el interior de una estancia?

_____

_____

11. Relacione.

    a. HS 3
    b. Documento Básico HR
    c. UNE-EN ISO 7730

    __ Calidad térmica del ambiente
    __ Calidad e higiene del aire interior
    __ Calidad del ambiente acústico

12. ¿Qué acciones deben llevarse a cabo en las cocinas para eliminar los vapores y contaminantes producidos por la actividad de cocinar?

_____

_____

13. ¿Por qué se limita la velocidad de circulación del fluido por el interior de un conducto en las instalaciones de edificios?

    a. Para evitar ruidos generados por las vibraciones.
    b. Para evitar pérdidas de eficiencia.
    c. Para evitar pérdidas de calor entre el fluido y la pared del conducto.
    d. Para reducir la potencia de la bomba suministradora.

14. Según la Organización Mundial de la Salud (OMS), ¿a partir de qué nivel de ruido se considera perjudicial para la salud?

    a. 65 dB.
    b. 45 dB.
    c. 55 dB.
    d. 120 dB.

15. ¿Qué documento determina el caudal mínimo de ventilación en las estancias de un edificio?

_____

_____

Capítulo 8

Contribución solar para agua caliente sanitaria y piscinas

Contenido

1. Introducción

Cumplir con las exigencias de eficiencia energética en las instalaciones de un edificio requiere tener en cuenta la aportación solar para las instalaciones de agua caliente sanitaria.

Antes de estudiar la contribución solar para instalaciones de agua caliente deben estudiarse las condiciones generales que se deben reunir, así como el porcentaje mínimo de contribución solar.

Además se deben establecer las pérdidas debidas a los fenómenos de sombras, así como las producidas por inclinaciones y orientaciones erróneas.

Para el estudio de la contribución solar también es preciso obtener el rendimiento mínimo anual y las condiciones aplicables tanto a las conexiones de los captadores solares, como las de los acumuladores de ACS.

Un parámetro muy importante a la hora de estudiar la aportación solar mínima en las instalaciones de agua caliente es el estudio de la potencia mínima de intercambiadores de calor independientes.

Por otra parte, se deben determinar los caudales de los circuitos, así como establecer las especificaciones en la instalación de tuberías, las condiciones que se deben cumplir tanto en los grupos de bombeo como en los sistemas de purga de aire, etc.

Finalmente, se deben contemplar las condiciones que deben cumplir los sistemas de control y los sistemas de apoyo convencionales necesarios en las instalaciones solares.

2. Condiciones generales

Cualquier instalación de agua caliente sanitaria para edificios debe cumplir con lo establecido en el Código Técnico de la Edificación (CTE) en su Documento Básico de Salubridad HS 4: "Suministro de agua", el cual recoge lo siguiente:

*Los edificios dispondrán de medios adecuados para suministrar al equipamiento
higiénico previsto agua apta para el consumo de forma sostenible, aportando caudales
suficientes para su funcionamiento, sin alteración de las propiedades de aptitud para el
consumo e impidiendo los posibles retornos que puedan contaminar la red.*

*Los equipos de producción de agua caliente dotados de sistemas de acumulación y
los puntos terminales de utilización tendrán unas características tales que eviten el
desarrollo de gérmenes patógenos.*

Por otra parte, referente al ahorro de energía, el CTE también establece
en el **Documento Básico HE 4,** la contribución solar mínima para sistemas de
agua caliente sanitaria y piscinas, la cual será aplicable a los edificios de nueva construcción o rehabilitados, que aun siendo destinados a cualquier uso,
deberán cumplir con lo expuesto en documento siempre que exista demanda
de agua caliente sanitaria y/o climatización de piscina. Por otra parte, la contribución solar mínima se podrá disminuir justificando la pertenencia de la
instalación a algunos de los siguientes casos:

1. La instalación del edificio cubre parte de la aportación térmica de agua
   caliente mediante el empleo de recuperadores de calor de otras tecnologías renovables empleadas en el edificio.
2. Cubrir la demanda energética supone sobrepasar los criterios de cálculo
   expuestos por la legislación de carácter básico aplicable.
3. Edificios cuya situación permite un acceso muy limitado a las horas de
   sol y su instalación resulta inviable.
4. En el caso de ser un edificio rehabilitado cuya configuración no permite
   la utilización de tecnologías solares o la normativa urbanística lo prohíbe.
5. Edificios de nueva construcción donde la normativa urbanística impide
   la colocación de la superficie captadora necesaria.
6. En aquellos casos en los que se dictamine la protección histórico-artís-
   tica del edificio, por parte del órgano competente.

Las condiciones generales de suministro de ACS establecen las presiones,
los caudales y las temperaturas de servicio. A continuación se muestran recogidos dichos parámetros:

Instalación o aparato	Caudal mínimo de ACS (dm³/s)
Lavamanos	0,03
Lavabo	0,065
Ducha	0,10
Bañera de 140 cm o más	0,20
Bañera de menos de 140 cm	0,15
Bidé	0,065
Fregadero	0,10
Lavavajil las doméstico	0,10
Lavadero	0,10
Lavador a doméstica	0,15
Grifo aislado	0,10

La presión mínima para grifos comunes será de 100 kPa (kilo pascales), mientras que para calentadores será de 150 kPa. En cambio, la presión máxima estará limitada para cualquier punto de consumo en 500 kPa.

La temperatura de consumo de agua caliente debe estar comprendida entre los 50 y los 60 °C para el punto de consumo.

 Actividades

1. Calcule el caudal mínimo de agua caliente que necesita en su vivienda.

El Real Decreto 314/2006, de 17 de marzo, por el que se aprueba el Código Técnico de la Edificación, establece que la climatización de las piscinas debe realizarse por medio de captadores solares. Además, aquellas instalaciones que cuenten con un sistema de captación solar para ACS deben derivar los excedentes térmicos al circuito de climatización de la piscina.

3. Porcentaje de contribución solar mínima

El porcentaje de la contribución solar para las instalaciones de agua caliente depende de la zona climática en la que se encuentra la instalación y el nivel de demanda requerido.

 Definición

Contribución solar mínima
Se obtiene de la división entre la cantidad de energía entregada por la instalación solar y la demanda energética del sistema.

A continuación se muestran los valores de contribución solar mínima anual en España para una temperatura de referencia de 60 °C, suponiendo que la fuente energética de apoyo sea combustible convencional (gas natural, gasóleo, propano, etc.) o electricidad.

Tabla del porcentaje de contribución solar con apoyo de fuentes combustibles

Demanda total de ACS del edificio (l/d)	Zona climática				
	I	II	III	IV	V
50-5.000	30	30	50	60	70
5.000-6.000	30	30	55	65	70
6.000-7.000	30	35	61	70	70
7.000-8.000	30	45	63	70	70
8.000-9.000	30	52	65	70	70
9.000-10.000	30	55	70	70	70
10.000-12.500	30	65	70	70	70
12.500-15.000	30	70	70	70	70
15.000-17.500	35	70	70	70	70
17.500-20.000	45	70	70	70	70
> 20.000	52	70	70	70	70

Tabla del porcentaje de contribución solar con apoyo de sistemas eléctricos

Demanda total de ACS del edificio (l/d)	Zona climática				
	I	II	III	IV	V
50-1.000	50	60	70	70	70
1.000-2.000	50	63	70	70	70
2.000-3.000	50	66	70	70	70
3.000-4.000	51	69	70	70	70
4.000-5.000	58	70	70	70	70
5.000-6.000	62	70	70	70	70
> 6.000	70	70	70	70	70

Tabla del porcentaje de contribución solar para piscinas climatizadas

	Zona climática				
	I	II	III	IV	V
Piscinas cubiertas	30	30	50	60	70

Mapa de zonas climáticas de España

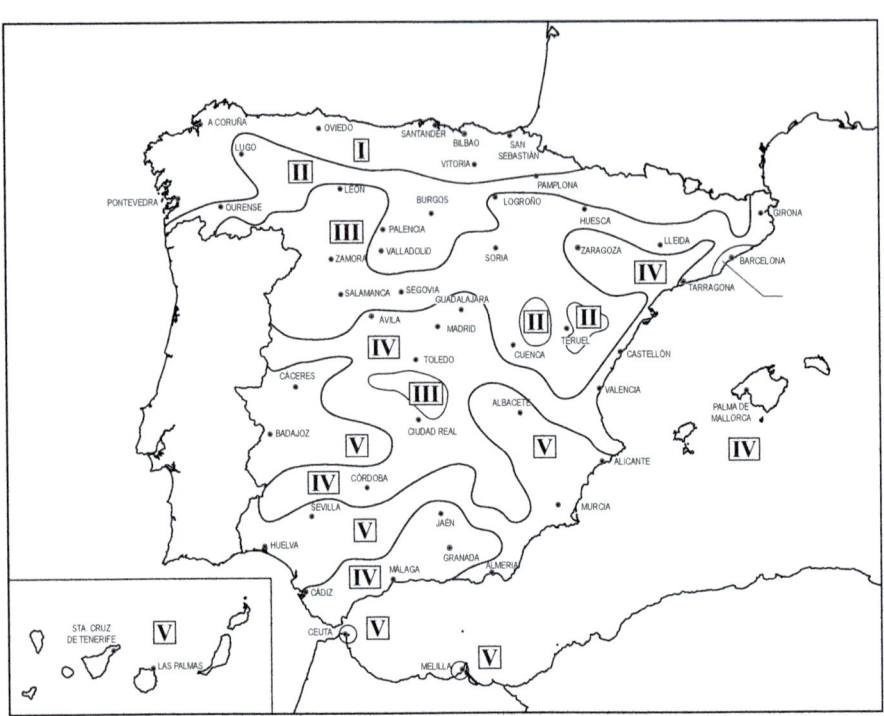

 Ejemplo

Se va a calcular el porcentaje de contribución solar mínima para un edificio que presenta una demanda de agua caliente comprendida entre 8.000 y 9.000 litros al día y emplea como sistema de apoyo convencional un generador diésel. Se sabe que la instalación está ubicada en la zona climática III.

La zona climática III se refiere a los climas de interior de España, eligiendo el consumo establecido en la tabla de sistemas de apoyo con combustibles convencionales tenemos:

Continúa en página siguiente >>

<< Viene de página anterior

Porcentaje de contribución solar mínima con apoyo de fuentes combustibles

Demanda total de ACS del edificio (l/d)	Zona climática				
	I	II	III	IV	V
50-5.000	30	30	50	60	70
5.000-6.000	30	30	55	65	70
6.000-7.000	30	35	61	70	70
7.000-8.000	30	45	63	70	70
8.000-9.000	30	52	65	70	70
9.000-10.000	30	55	70	70	70
10.000-12.500	30	65	70	70	70
12.500-15.000	30	70	70	70	70
15.000-17.500	35	70	70	70	70
17.500-20.000	45	70	70	70	70
> 20.000	52	70	70	70	70

Por lo que el porcentaje de contribución solar mínimo sería del 65 %.

 Actividades

2. Localice en el mapa la zona climática a la que pertenece su ciudad. Realice una estimación del consumo de ACS en su vivienda o edificio y calcule el porcentaje de contribución solar mínimo, considerando que los sistemas de apoyo se basan en el empleo de fuentes combustibles.

Aplicación práctica

La empresa en la que trabaja realiza proyectos de instalaciones para viviendas. Va a realizar el diseño de una instalación solar para ACS de un edificio de viviendas. El edificio, que se encuentra en Granada, consta de 3 plantas y 2 viviendas por planta (todas las viviendas son iguales). Los datos de los que dispone son:

Instalación o aparato de una vivienda	Cantidad de dispositivos	Tiempo de uso estimado (horas/día)
Lavabo	2	0,05
Ducha	1	0,1
Bañera de menos de 140 cm	1	0,05
Bidé	2	0,04
Fregadero	1	0,1
Lavadero	1	0,1
Lavadora doméstica	1	0,1
Grifo aislado	2	0,02

Calcule el porcentaje de contribución solar y el caudal mínimo de agua caliente para el edificio, sabiendo que emplea como generador auxiliar calderas de gas natural.

SOLUCIÓN

Lo primero que debemos hacer es calcular el caudal mínimo necesario para una vivienda y para ello debemos pasar el caudal mínimo de ACS de cada dispositivo de dm³/s a l/h.

1 dm³ = 1 litro, y para pasar las unidades de segundos a horas, tendremos que multiplicar por 3.600 segundos que tiene una hora.

Continúa en página siguiente >>

<< Viene de página anterior

En el caso del lavabo, el caudal mínimo son:

$$0,065 \ dm^3/s = 0,065 \ l/s \times 3.600 \ s/h = 234 \ l/h$$

Instalación o aparato de una vivienda	Caudal mínimo de ACS (l/h)	Cantidad de dispositivos	Tiempo de uso estimado (horas/día)	Caudal mínimo de ACS al día (l/d)
Lavabo	234	2	0,05	11,7
Ducha	360	1	0,1	36
Bañera de menos de 140 cm	540	1	0,05	27
Bidé	234	2	0,04	18,72
Fregadero	360	1	0,1	36
Lavadero	360	1	0,1	36
Lavadora doméstica	540	1	0,1	54
Grifo aislado	360	2	0,02	14,4

Sumando todos los caudales tenemos que cada vivienda consume un total de 233,82 litros al día de ACS (l/d). Como el edificio tiene seis viviendas, tenemos que el caudal de ACS del edificio es de:

$$233,82 \ l/d \cdot 6 = 14.029,92 \ l/d$$

Para calcular el porcentaje de contribución solar mínima nos vamos al mapa y localizamos la zona climática de Granada, que es IV, y la seleccionamos en la tabla de porcentaje de contribución solar mínimo con apoyo de fuentes combustibles. Así, se tiene:

Continúa en página siguiente >>

<< Viene de página anterior

Porcentaje de contribución solar mínima con apoyo de fuentes combustibles

Demanda total de ACS del edificio (l/d)	Zona climática				
	I	II	III	IV	V
50-5.000	30	30	50	60	70
5.000-6.000	30	30	55	65	70
6.000-7.000	30	35	61	70	70
7.000-8.000	30	45	63	70	70
8.000-9.000	30	52	65	70	70
9.000-10.000	30	55	70	70	70
10.000-12.500	30	65	70	70	70
12.500-15.000	30	70	70	70	70
15.000-17.500	35	70	70	70	70
17.500-20.000	45	70	70	70	70
> 20.000	52	70	70	70	70

Por tanto, se tendrá que diseñar un sistema solar con un porcentaje de contribución solar mínimo del 70 %.

4. Pérdida límite por orientación, inclinación o sombras

En una instalación solar de ACS deben controlarse las pérdidas de rendimiento debidas a la mala orientación o inclinación del captador solar, así como las posibles sombras que pueden afectar a la superficie captadora.

El CTE diferencia tres situaciones para establecer los límites de pérdidas en una instalación solar:

- **Superposición:** situación en la que el sistema captador se encuentra instalado sobre los cerramientos del edificio y paralelos a ellos, de forma que no sobresale de los ejes principales del edificio.

Instalación solar superpuesta

- **Integración arquitectónica:** cuando el sistema captador sustituye elementos constructivos del propio edificio, cumpliendo funciones propias de cerramientos, además de las funciones energéticas para calentar agua.

Captador solar integrado

■ **General:** el resto de casos son considerados de orden general.

Instalación general

 Nota

Los captadores solares deben presentar una inclinación mínima sobre la horizontal para permitir la autolimpieza de los mismos.

Las pérdidas en cada caso deben ser inferiores a las recogidas en la siguiente tabla:

Perdidas límite por orientación, inclinación o sombras			
Caso	**Orientación e inclinación**	**Sombras**	**Total**
General	10 %	10 %	15 %
Superposición	20 %	15 %	30 %
Integración arquitectónica	40 %	20 %	50 %

Nota

Para el cálculo de las pérdidas límite deben tenerse en cuenta las tres condiciones anteriormente estudiadas y no sobrepasar los valores estipulados.

Actividades

3. ¿Por qué cree que los sistemas integrados en la arquitectónica de un edificio presentan más pérdidas que un sistema solapado o superpuesto?

5. Rendimiento mínimo anual

Una instalación solar para Agua Caliente Sanitaria correctamente diseñada y dimensionada debe presentar un rendimiento mínimo anual superior al 40 %.

Además, la instalación deberá mostrar un rendimiento superior al 20 % en los meses para los que ha sido diseñada.

En los casos en los que no se cumpla con los anteriores requerimientos se pueden realizar las siguientes acciones:

- Aumentar la superficie de captación.
- Mejorar la orientación e inclinación de la superficie captadora.
- Disminuir las pérdidas por sombras.
- Emplear una tecnología captadora de mayor rendimiento.

Por otra parte, a la hora de diseñar la instalación no se debe sobrepasar ciertos límites como:

- Una producción del 110 % para cualquier mes del año.
- Una producción mayor del 100 % durante tres meses continuos.

En el caso de que se sobrepasen los límites de producción energética, se podrán realizar las siguientes acciones para corregirlas:

- Instalar dispositivos disipadores que permitan reducir la circulación nocturna del agua por el circuito del primario (circuito interno del captador).
- Tapar los captadores completa o parcialmente para reducir los niveles de captación.
- Reducir la cantidad de fluido del circuito primario.
- Emplear los excedentes para otras aplicaciones o instalaciones. Por ejemplo, desviar en verano parte del exceso de agua caliente hacia una piscina.

Circuitos y dispositivos de una instalación solar para ACS

Actividades

4. Según su opinión, ¿qué factor puede provocar que una instalación solar genere una producción solar superior del 100 %?

6. Condiciones aplicables a las conexiones de captadores solares

Las conexiones en las tuberías y conductos de los captadores solares deben ser estancas y duraderas, evitando la aparición de fugas a lo largo del tiempo. En el diseño de las conexiones se deben tener presentes las condiciones ambientales a las que van a estar expuestas: altas temperaturas, radiación solar, saltos térmicos, heladas, sobrepresiones, cambios de volumen, dilataciones, etc.

Cuando se dimensione la superficie captadora, si esta se compone de más de un captador solar, deberán instalarse en series de filas y columnas del mismo número, de forma que la instalación sea lo más homogénea posible. Los captadores se pueden conexionar bien en serie o en paralelo, pero siempre se debe interponer una válvula de cierre a la entrada y salida de una fila de captadores y entre las bombas de circulación, de esta forma se puede controlar la instalación aislándola en caso de fuga, en los procesos de mantenimiento, etc. Además de las válvulas de cierre, cada fila debe instalar una válvula de seguridad.

Para saber el número de elementos captadores que se pueden conectar en serie o paralelo en una instalación solar, se debe seguir lo prescrito por cada fabricante, quien establece las limitaciones de sus equipos.

El conexionado entre los equipos y las filas se llevará a cabo de manera que el sistema completo quede equilibrado hidráulicamente.

Nota

Se recomienda realizar conexiones de retorno invertido en lugar de instalar válvulas de equilibrado.

Actividades

5. Investigue: ¿qué problemas puede producir conectar desequilibradamente captadores solares de ACS?

7. Condiciones de los acumuladores en aplicaciones de ACS

Siempre que se pueda, las instalaciones de ACS que emplean tecnologías solares deberán instalar un único depósito en posición vertical. No obstante, el volumen de agua que debe acumularse se puede conservar en varios depósitos cuya conexión se ha de realizar bien en paralelo, equilibrándolo con los circuitos primarios y secundarios, o en serie por conexionado invertido en el circuito secundario.

El diseño del sistema solar se debe realizar para cubrir la demanda energética de un día y el depósito acumulador debe ser de un volumen acorde a la cantidad de agua caliente que se tiene que almacenar para cubrir dicha demanda, la cual no suele coincidir con las horas de producción térmica. Para mantener la temperatura de los depósitos deben acumular más cantidad de agua caliente de la que se va a consumir.

El CTE establece como condición que la superficie total de captación solar debe estar comprendida entre:

$$50 > \frac{V}{A} > 180$$

Donde:

A = Suma de todas las superficies captadoras (m^2).
V = Volumen total del acumulador (litros).

De esta forma se pretende que no se produzca una descompensación excesiva del sistema entre el la superficie captadora y el depósito.

Una de las condiciones de seguridad más importantes que deben cumplir las instalaciones térmicas solares y, sobre todo, los sistemas de acumulación de agua caliente para consumo es que deben ser capaces de alcanzar y mantener una temperatura tal que evite la proliferación de legionela.

 Ejemplo

Se va a realizar el dimensionamiento de una instalación solar en un edificio residencial. Derivado de los cálculos de demanda energética para el edificio, se tiene que el sistema solar debe aportar 5.300 de ACS al día. Calcule la superficie mínima de captación que se podrá instalar en el tejado del edificio.

SOLUCIÓN

Aplicando la ecuación:

$$50 > \frac{V}{A} > 180$$

Continúa en página siguiente >>

<< Viene de página anterior

Se tiene que la superficie mínima sería:

$$A = \frac{V}{50} = \frac{5.300}{50} = 106 \ m^2$$

Por tanto, la superficie captadora deberá encontrarse en torno a los 106 m².

Si se diseñan depósitos a medida para acumular el agua caliente de una instalación solar, siempre que su volumen supere los 2 m³, se debe instalar válvulas de corte o cualquier otro dispositivo de corte que permita aislar al depósito del sistema.

 Nota

Cuando la instalación solar se dedique exclusivamente a aportar agua caliente para piscinas, no se podrá establecer ningún elemento de acumulación.

 Actividades

6. Analice varias fichas técnicas de fabricantes de acumuladores para instalaciones solares de ACS. ¿Qué diferencias encuentra entre los de tipo vertical y horizontal?

8. Potencia mínima de intercambiadores de calor independientes

Como se estudió en anteriores capítulos, los intercambiadores son dispositivos encargados de traspasar el calor entre el circuito primario y el circuito secundario (agua de consumo).

Esquema básico de un sistema solar

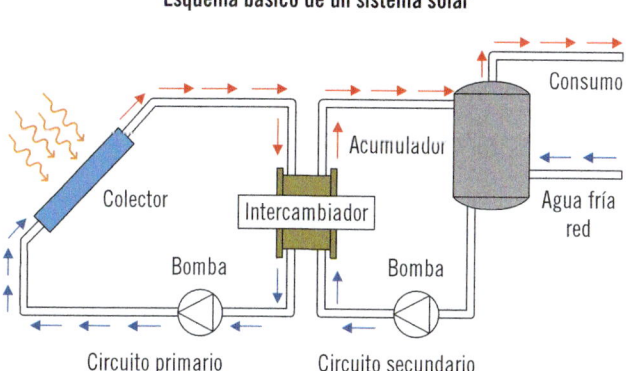

Para obtener la potencia mínima (P) de un intercambiador de calor independiente en un sistema solar se debe fijar como parámetro de referencia, una radiación solar de 1.000 W/m² y un rendimiento de conversión de la radiación en calor del 50 % (esto quiere decir que del total de la energía captada solo la mitad se traduce en calor aprovechable).

Esta potencia mínima (P) se calcula a través de la ecuación:

$$P \geq 500 \cdot A$$

Donde:

P = potencia mínima medida en Watios (W).
A = superficie de captación (m²).

Ejemplo

Se va a calcular la potencia mínima del intercambiador de calor para la instalación del ejemplo anterior, donde se obtuvo un área $A = 106$ m^2.

Aplicando la ecuación, se tiene que:

$$P = 500 \cdot 106 = 53.000 \text{ W} = 53 \text{ kW}$$

Por tanto, la potencia mínima del intercambiador debería ser superior a 53 kW.

El intercambiador de calor debe contar con sendas válvulas de cierre tanto en el circuito de entrada como el de salida de agua del intercambiador. La ubicación de las válvulas debe realizarse lo más cercana posible al dispositivo intercambiador.

Aplicación práctica

Continúa con el diseño de la instalación solar para el edificio de viviendas de la actividad anterior. Realice una estimación de la superficie captadora mínima necesaria. Obtenga a continuación la potencia mínima del intercambiador.

SOLUCIÓN

El caudal total de ACS del edificio era de 14.029,92 l/d, para estimar aproximadamente la superficie de captación aplicamos la ecuación:

$$50 > \frac{V}{A} > 180$$

Continúa en página siguiente >>

<< Viene de página anterior

Con lo que se tiene que la superficie mínima sería:

$$A = \frac{V}{50} = \frac{5.300}{50} = 106 \ m^2$$

Por tanto, la superficie captadora deberá encontrarse en torno a los 280,59 m^2.

La potencia mínima del intercambiador se calcula mediante la expresión:

$$P \geq 500 \cdot A$$

Donde introduciendo la superficie de captación anteriormente calculada se obtiene:

$$P = 500 \cdot 280,59 = 140.295 \ W = 140,29 \ kW$$

Por tanto, la potencia mínima del intercambiador debería ser superior a 140,29 kW.

9. Especificaciones en la colocación de tuberías

En el trazado y colocación de tuberías se debe prestar atención en que no se formen obturaciones en el conducto, además los trazados horizontales deben disponer de cierta inclinación para evitar que se deposite cal en su interior. El CTE especifica que los tramos de tubería colocados horizontalmente en instalaciones solares térmicas deben presentar una pendiente del 1 %.

?   Sabía que...

Una pendiente del 1 % en una tubería horizontal indica que por cada 100 unidades de distancia horizontal debe existir una unidad de distancia vertical. Por ejemplo, en un tramo de tubería recto de 1,5 m colocado horizontalmente, la variación de altura entre el punto inicial y el punto final será de 1,5 cm.

Al tratarse de una instalación térmica, las tuberías deben estar formadas por el mayor número de tramos rectos, evitándose en la medida de lo posible codos y curvas innecesarias, así como cambios de sección. El trazado de las tuberías debe ser directo ya que, cuanto mayor sea la distancia que debe recorrer el agua caliente, mayores son las pérdidas térmicas que se producen.

Cuando se coloquen tuberías en el exterior, estas deberán contar con sistemas de protección y aislamiento que reduzcan las pérdidas de calor y aumente la durabilidad de la instalación.

En la colocación de tuberías se debe tener presente el fenómeno de la dilatación térmica, ya que la instalación trabajará con agua caliente. Cuando se instalen tuberías de agua caliente deben preverse las variaciones de longitud debidas al alargamiento y contracción térmica, por lo que las tuberías se deben colocar dejando espacio suficiente para dilatar, además la fijación de la tubería se debe realizar correctamente y en el caso de ser necesario se instalarán juntas de dilatación.

Las instalaciones colocadas bajo enlucido deben disponer de recubrimiento de material aislante elástico capaz de permitir la dilatación libre de la tubería sin transmitir esfuerzos.

Tubería cubierta de aislante para instalaciones enlucidas

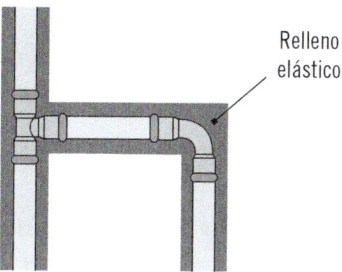

Relleno
elástico

En la colocación de tuberías se recomienda realizar su fijación mediante abrazaderas con asiento de goma, ya que estas permiten reducir el nivel de ruido gracias a su capacidad de amortiguar vibraciones.

Abrazadera para tubería con asiento de goma

Actividades

7. Fíjese en su vivienda o domicilio el tipo de fijaciones con el que cuenta el circuito de agua caliente y agua fría. ¿Cree que el circuito de agua caliente se encuentra suficientemente bien aislado?

10. Caudales recomendados en el primario

El circuito primario en una instalación de agua caliente sanitaria solar se corresponde con la canalización de agua que va desde el colector solar hasta el intercambiador.

Circuito primario de una instalación solar

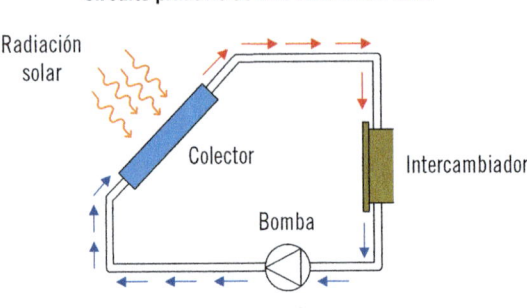

Los caudales que deben circular por el circuito primario son recomendados por los fabricantes de los captadores solares, en función del modelo, capacidad, rendimiento, etc.

Una vez se conozca el caudal que debe circular por el captador, se debe elegir un intercambiador con la misma capacidad.

 Nota

Aunque el caudal que debe circular por el captador es una recomendación del fabricante, establecer un caudal distinto puede provocar daños en el sistema y el equipo o un funcionamiento por debajo del rendimiento esperado.

Los fabricantes de captadores suelen expresar el caudal que circula por el dispositivo en litros/hora · m², es decir, en función de la superficie captadora. Por tanto, se debe determinar el caudal que tiene que circular por el captador atendiendo a las dimensiones del mismo.

 **Ejemplo**

Se tiene un captador solar plano de 1,5 m² y se quiere calcular el caudal que debe circular por el circuito primario. El fabricante recomienda un caudal de 50 l/h·m².

El cálculo del caudal del circuito primario (Q_1) se obtendría multiplicando el caudal recomendado por la superficie del captador:

$$Q_1 = 50 \text{ l/h·m}^2 \times 1,5 \text{ m}^2 = 75 \text{ l/h}$$

Por tanto, el caudal del circuito primario debe ser de 75 l/h.

Para el cálculo del caudal en el circuito primario con más de un captador, es importante conocer cómo se realiza el conexionado de los captadores, ya que en el caso de estar conectados en paralelo el caudal se sumaría mientras que las conexiones en serie hacen que el caudal se mantenga.

Línea de colectores en serie

Q1 ← Q1 → Q1 →

ΔT1 ΔT2

Q1
ΔTt = ΔT1+ ΔT2

Línea de colectores en paralelo

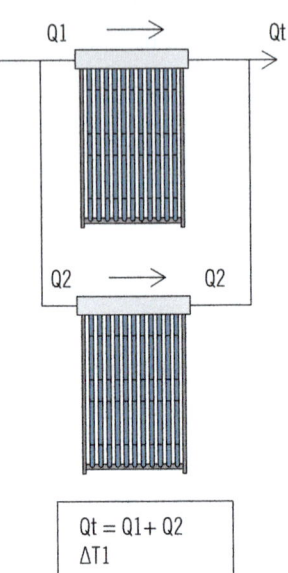

Q1 → Qt →

Q2 → Q2

Qt = Q1+ Q2
ΔT1

Cuando los captadores o colectores solares son conectados en serie, la temperatura (ΔT) de ambos se suma a la salida, en cambio el caudal del captador es el mismo que el del circuito primario. Cuando los colectores son conectados en paralelo, la temperatura se mantiene, en cambio se aumenta el caudal (Q) de agua calentado, por lo que el caudal del circuito primario es la suma de los caudales de los captadores en paralelo.

 ## Aplicación práctica

La empresa "Top solar S.L." en la que trabaja va a realizar el proyecto de ejecución de una instalación solar para ACS en un edificio. Va a realizar el dimensionado del circuito primario para determinar el diámetro de la tubería, el tipo de bomba y la capacidad del intercambiador. Para ello necesita conocer el caudal que va a circular por el circuito primario. La superficie captadora está compuesta por 4 dispositivos captadores conectados como se muestra a continuación.

Continúa en página siguiente >>

<< Viene de página anterior

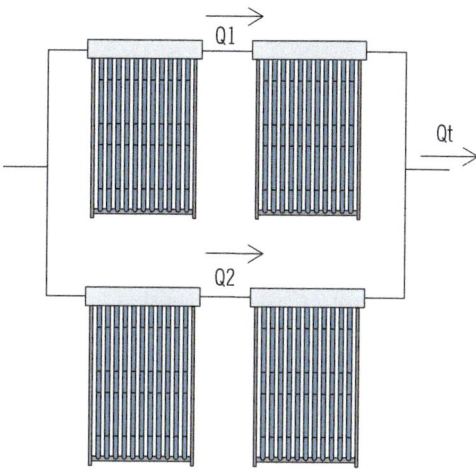

Calcule el caudal del circuito primario a partir de los siguientes datos extraídos de la ficha técnica del captador solar.

Dimensiones en mm (Largo x Ancho x Espesor)	1.800 x 850 x 75
Caudal recomendado	55 l/h·m²

SOLUCIÓN

Para calcular el caudal que va a circular por un captador necesitamos calcular la superficie del mismo.

Superficie = Largo x Ancho

$$S = 1.800 \times 850 = 1.530.000 \text{ mm}^2 = 1,53 \text{ m}^2$$

Continúa en página siguiente >>

<< Viene de página anterior

Luego calculamos el caudal recomendado para un captador solar.

$$Q_1 = Q_2 = 55 \text{ l/h·m}^2 \times 1,53 \text{ m}^2 = 84,15 \text{ l/h}$$

Como tenemos dos filas de captadores colocadas en paralelo con dos módulos cada una, tenemos que multiplicar el valor por 2 el valor del caudal.

$$Qt = 2 \, Q_1 = 2 \times 84,15 \text{ l/h} = 168,3 \text{ l/h}$$

El caudal que circulará por el circuito primario será de 168,3 l/h.

11. Condiciones que deben cumplir los grupos de bombeo

En una instalación térmica de agua caliente sanitaria por captación solar el grupo de bombeo debe ser resistente al fluido térmico empleado, utilizando materiales compatibles. El grupo de bombeo es el sistema encargado de hacer circular el fluido o agua a través de las tuberías que enlazan con los distintos dispositivos y puntos de consumo.

Según el CTE, la potencia eléctrica de la bomba será como máximo del 2 % de la máxima potencia calorífica que generen los colectores solares para instalaciones pequeñas y 1 % para instalaciones grandes. Además, la bomba debe ser capaz de realizar el purgado del circuito.

Nota

En caso de instalaciones pequeñas la potencia eléctrica de la bomba no será superior a 50 W.

En sistemas captadores con más de un elemento captador, el caudal de la bomba será la suma de los caudales de los captadores conectados en paralelo.

Bomba para sistema captador solar de ACS

Actividades

8. Investigue si es posible realizar instalaciones solares térmicas donde no es necesario el uso de bomba en el circuito primario para hacer circular el fluido térmico.

12. Condiciones que deben cumplir los sistemas de purga de aire

Mediante los sistemas de purga de aire se pretende eliminar la acumulación de aire en el circuito hidráulico, ya que esto produce pérdidas de carga.

Una instalación solar para ACS correctamente diseñada debe cumplir dos condiciones de purgado:

1. En todos los puntos de la instalación que pueda acumularse aire, además de la salida de los captadores, se deberán instalar sistemas de purgado.
2. Las instalaciones con purgadores automáticos contarán también con sistemas de purgado manual.

Dispositivos de purgado para instalaciones de ACS

Purgado manual   Purgado automático

Los dispositivos de purga deben estar formados por botellines con un volumen de 100 cm³, aunque este podrá ser menor si los sistemas de purgado se instalan en el circuito primario a la entrada del intercambiador.

Dispositivo de purga de tipo botellín

13. Sistemas auxiliares de apoyo mediante energía convencional

Las instalaciones solares para ACS deben ser capaces de abastecer de agua caliente en cualquier momento en el que sea demandada. Para asegurar el abastecimiento de esa demanda aun cuando las condiciones climáticas son desfavorables, es necesario que las instalaciones cuenten con sistemas de apoyo que empleen fuentes de energía convencional.

Los sistemas de apoyo o auxiliares deben instalarse en el circuito secundario y nunca en el primario, puesto que en caso contrario se producirían pérdidas térmicas y consumos energéticos excesivos.

En el esquema de la instalación solar se puede observar cómo el sistema de apoyo térmico (5) se instala en el circuito secundario después del intercambiador-acumulador (2)

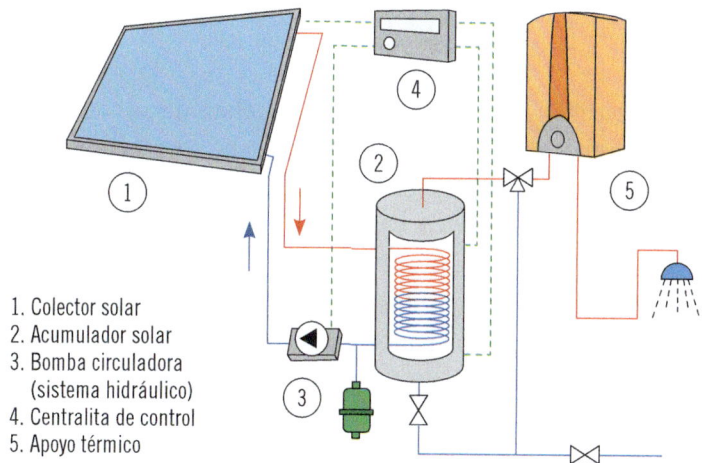

1. Colector solar
2. Acumulador solar
3. Bomba circuladora
   (sistema hidráulico)
4. Centralita de control
5. Apoyo térmico

El sistema de apoyo térmico debe ser de potencia suficiente como para cubrir la carga térmica sin contar el sistema solar, además la instalación debe contar con un sistema de control que permita entrar en funcionamiento el sistema auxiliar solo cuando sea necesario y teniendo como prioridad el uso de la energía producida por el sistema solar.

El sistema auxiliar de la instalación solar para ACS debe disponer de un termostato de control que mantenga el nivel térmico adecuado, para evitar la aparición de legionela.

*Termostato
de control en
el sistema
de apoyo
convencional*

Si el equipo auxiliar de apoyo térmico a la instalación solar de agua caliente no dispone de acumulador o depósito, el equipo debe contar con un dispositivo capaz de regular y ajustar la potencia a la demanda térmica, con el fin de mejorar la eficiencia de la instalación y reducir el consumo energético.

Los sistemas auxiliares para instalaciones solares de climatización de piscinas deben instalar una sonda de temperatura en el circuito de retorno del intercambiador que, junto con un termostato, evitará la entrada de agua al circuito en el caso de que esta se encuentre a mayor temperatura que la del generador. Para mayor seguridad, el termostato no debe permitir la recirculación de agua por el sistema térmico a menos que su temperatura sea 10 ºC menor que la del generador.

Actividades

9. ¿Por qué son necesarios los sistemas térmicos auxiliares? ¿Cree que sería mejor realizar instalaciones sobredimensionadas para evitar el uso de sistemas auxiliares?

---

14. Condiciones que deben cumplir los sistemas de control

Los sistemas de control son necesarios en las instalaciones solares de ACS para el correcto funcionamiento de la instalación y aprovechar al máximo la energía solar captada haciendo un uso mínimo del sistema de apoyo.

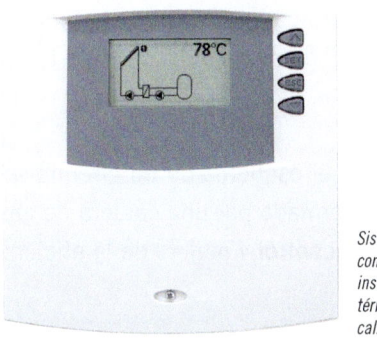

Sistema de control para instalación solar térmica de agua caliente

Las condiciones que debe reunir el sistema de control para las instalaciones de ACS solares son:

1. Actuar sobre los dispositivos de control para mantener un correcto funcionamiento de la instalación en caso de heladas, sobrecalentamientos, etc.
2. Debe ser capaz de regular el funcionamiento de las bombas de circulación. En el caso de que el sistema auxiliar cuente con un depósito, el sistema de control debe poder actuar sobre la temperatura de salida del agua.

3. Debe actuar sobre la bomba encendiéndola y apagándola con un margen de 2 °C sobre la temperatura de funcionamiento y parada establecida en el sistema.

4. Debe limitar la temperatura de trabajo para que esta siempre sea inferior a la máxima que soporten los elementos y dispositivos que conforman el sistema.

5. Es el encargado de evitar que la temperatura del agua baje de los 3 °C y llegue al punto de congelación.

6. En instalaciones donde el sistema solar térmico preste apoyo a varios sistemas, la unidad de control y regulación debe realizar el reparto del caudal térmico así como el control de las bombas de circulación de los diferentes circuitos.

Para mejorar la eficiencia de una instalación térmica se pueden instalar en el sistema dispositivos capaces de ajustar su funcionamiento en función de la radiación captada, tales como actuadores programados que varían el caudal de agua de entrada de fluido caliente al circuito hidráulico, variadores de frecuencia en las bombas y circuladores o disipadores térmicos en el circuito hidráulico de captación solar.

A continuación se muestra el esquema de un circuito solar para ACS, con apoyo de un sistema auxiliar formado por una caldera de gas, al que se le han incluido varios dispositivos de control y mejora de la eficiencia del sistema.

Esquema de una instalación solar con sistemas para la mejora de la eficiencia energética

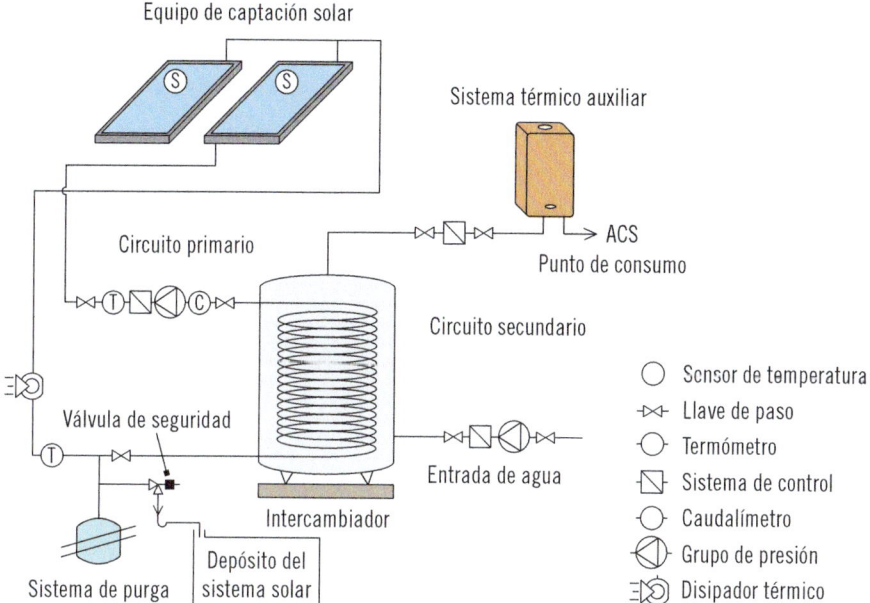

15. Resumen

Diseñar correctamente una instalación solar para el abastecimiento de agua caliente sanitaria o climatización de una piscina requiere, además de conocer las condiciones generales de funcionamiento de la instalación, conocer perfectamente las condiciones de funcionamiento de todos los elementos, equipos y dispositivos implicados en el proceso.

Antes de diseñar una instalación solar térmica es necesario conocer la demanda energética del edificio y determinar el porcentaje de contribución solar mínima. Durante el diseño de la instalación, el proyectista debe ser capaz de establecer las pérdidas por orientación, inclinación o sombras de la instalación y comprobar que esta cumple con los requisitos mínimos.

El rendimiento mínimo anual establece la cantidad de energía térmica mínima que debe ser capaz de aportar la instalación solar, analizando las distintas pérdidas que se producen en el proceso.

Para el diseño de la instalación solar térmica se deben conocer las condiciones que deben reunir las conexiones de los captadores solares, los acumuladores de ACS, el grupo de bombeo, el sistema de purga y los sistemas de control.

En el conexionado y trazado de la instalación se deben tener presente las especificaciones de colocación de las tuberías. Además, en el diseño del circuito primario se ha de calcular el caudal recomendado.

Ejercicios de repaso y autoevaluación

1. ¿En qué casos se puede disminuir el porcentaje de contribución solar mínima de manera justificada?

_____
_____
_____
_____
_____
_____
_____
_____

2. ¿De dónde se obtiene el porcentaje de contribución solar mínima?

_____
_____

3. El caudal mínimo (dm³/s) de ACS para un lavavajillas doméstico es de...

    a. ... 0,10
    b. ... 0,065
    c. ... 0,2
    d. ... 0,15

4. ¿Cuáles son las tres situaciones que diferencia el CTE para establecer los límites de pérdidas en una instalación solar?

_____
_____

5. **Indique si la siguiente afirmación es verdadera o falsa. Corríjala en caso de ser falsa.**

Una instalación solar para Agua Caliente Sanitaria correctamente diseñada y dimensionada debe presentar un rendimiento mínimo anual superior al 50 %. Además, la instalación deberá mostrar un rendimiento inferior al 80 % en los meses para los que ha sido diseñada.

6. **¿Qué acciones se pueden llevar a cabo para mejorar el rendimiento mínimo anual?**

_____

_____

_____

_____

7. **Un correcto conexionado de los captadores solares...**

     a. ... aumenta la presión del sistema.
     b. ... aumenta el salto térmico de la instalación.
     c. ... se consigue al equilibrar hidráulicamente el sistema.
     d. ... aumenta la duración y rendimiento del equipo solar.

8. **Siempre que se pueda, las instalaciones de ACS que emplean tecnologías solares deberán instalar un único depósito en posición...**

     a. ... horizontal.
     b. ... vertical.
     c. ... dual.
     d. ... es indiferente.

9. Si se tiene una superficie captadora de 150 m², ¿cuál sería la potencia mínima del intercambiador de calor independiente?

$$P \geq 500 \cdot A$$

    a. 40 kW
    b. 75 kW
    c. 60 kW

10. Según el Código Técnico de la Edificación, los tramos de tubería colocados horizontalmente tendrán una pendiente...

    a. ... de 10°.
    b. ... del 10 %.
    c. ... del 1 %.
    d. ... de 2 cm.

11. ¿Qué recoge cada uno de los siguientes documentos del CTE?

    ▌ Documento Básico HS 4:
    ▌ Documento Básico HE 4:

12. ¿Qué ocurre con el caudal y la temperatura en el conexionado en serie y paralelo de los captadores solares?

_____

_____

_____

_____

13. En instalaciones pequeñas la bomba hidráulica no deberá presentar una potencia superior...

    a. ... a 50 W.
    b. ... a 45 kW.
    c. ... a 50 kW.
    d. ... al 1 % de la potencia calorífica.

14. Complete.

Los sistemas de apoyo o _____ deben instalarse en el circuito _____ y nunca en el _____ puesto que en caso contrario se producirían pérdidas térmicas y consumos energéticos excesivos.

Capítulo 9

Rendimiento y eficiencia energética de los elementos de las instalaciones térmicas

Contenido

1. Introducción

Una instalación térmica debe disponer de los elementos y dispositivos adecuados para la medida de caudal, presión, temperatura... y demás parámetros para determinar si el funcionamiento del sistema es correcto y eficiente.

Además de conocer las mediciones energéticas que deben realizarse en una instalación térmica y el proceso de lectura que ha de llevarse a cabo, se deben procesar los datos obtenidos y comprobar que los distintos dispositivos de control actúan correctamente.

Para obtener el rendimiento de un generador de calor, se deben conocer los procesos de cálculo y las condiciones de la toma de datos, así como los valores admisibles para un funcionamiento eficiente del sistema.

En el capítulo que se desarrolla a continuación se establecen los procesos de cálculo y obtención de los valores de rendimiento y eficiencia, tanto de las bombas que actúan en el sistema como de las distintas unidades terminales que la componen.

Finalmente, los valores obtenidos de las mediciones de consumo deben ser convenientemente registrados, indicando la fecha de lectura y las condiciones en las que se realizó la medida.

2. Aparatos de medida

Los aparatos de medida permiten contabilizar los consumos, así como la determinación de la eficiencia energética de las instalaciones térmicas. Además de los contadores para agua fría, se deben instalar contadores en los siguientes casos:

- Entrada de agua fría.
- Sistemas de producción de ACS centralizados o individuales.
- Calefacción, ya sea mediante caldera o sistema solar.
- Contador de combustible convencional.

2.1. Contador de agua

Los contadores de agua recogen el volumen de líquido que circula a través de la tubería que se está midiendo.

Los contadores de agua pueden ser de dos tipos, para agua caliente o para agua fría. El rango de temperaturas para la instalación de un dispositivo u otro se recoge en la siguiente tabla:

Contador	Temperatura mín.	Temperatura máx.
Agua fría	0 °C	30 °C
Agua caliente	30 °C	90 °C

Cuando se instale un contador de agua, se debe instalar previamente una **válvula de corte,** y en las instalaciones de ACS una **válvula antirretorno** posteriormente al contador.

Sistema de montaje del contador para instalación de ACS

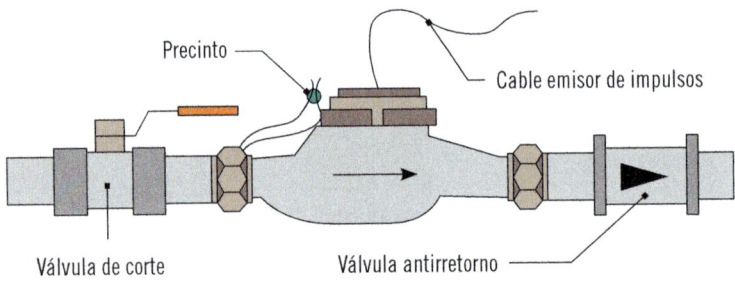

Precinto — Cable emisor de impulsos

Válvula de corte — Válvula antirretorno

Para realizar el montaje del contador de agua en las instalaciones debe tenerse presentes las prescripciones del fabricante del contador, quien debe especificar al menos los siguientes datos:

- Posición del contador.
- Rango térmico de trabajo.

- Caudales máximo, mínimo y nominal.
- Presión máxima.

Actividades

1. ¿Por qué cree que es necesario colocar una válvula antirretorno a la salida del contador de agua? ¿Qué se pretende con ello?

2.2. Contador de gas

Los contadores de gas muestran el volumen de combustible que se emplea en una instalación térmica para generar calor. En los casos donde la instalación trabaje por encima de los 55 mbar, el contador irá acompañado de un corrector de presión y temperatura para establecerlo en los valores normales de medida que son 0 mbar de presión y 0 °C de temperatura.

Según las condiciones de funcionamiento, podemos encontrar tres tipos de contadores:

- **De paredes deformables.** Están formados por unas membranas de tipo volumétricas que se llenan a través de la presión del gas. Cada vez que se llena y se vacía efectúa un ciclo, contando el número de ciclos se obtiene la medida del consumo de gas.
- **De pistones rotativos.** El gas se introduce en un pistón que al llenarse produce el giro de un rotor que indica la medida de gas consumida.
- **De turbina.** En los contadores de turbina el gas pasa a través de los álabes de una turbina, produciendo su giro y contabilizando el flujo de gas circulante.

En todos estos tipos el fabricante debe recoger los siguientes datos:

- Posición de instalación.
- Caudales máximos y mínimos.
- Presión máxima y curva de pérdida de presión.

Los contadores de gas deben instalar una válvula de corte tanto a la entrada como a la salida del mismo, además estos deberán contar con precintos que indiquen que no han sido manipulados por terceros.

Esquema de instalación de un contador de gas

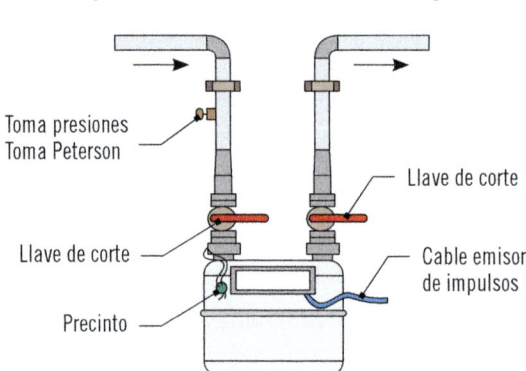

2.3. Contador de combustible líquido

Los contadores de combustible líquido miden el volumen de combustible empleado por la instalación para generar calor. Al igual que en los anteriores contadores, en su instalación debe seguirse las recomendaciones del fabricante, quien aportará datos como:

- La posición de instalación.
- Los caudales máximos y mínimos.
- La presión y temperaturas de trabajo máximas.

La instalación de los contadores de combustibles líquidos contará con una **válvula de corte** a la entrada del contador y otra de tipo **antirretorno a la salida**.

Además, el contador deberá ser precintado para evitar la manipulación indebida del mismo.

Esquema de montaje de un contador de combustible líquido

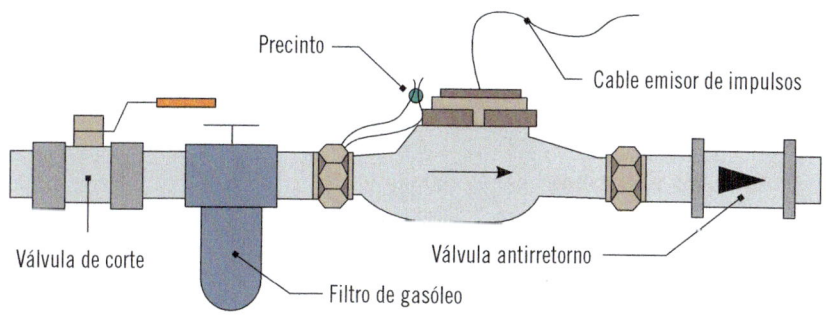

Todos los fabricantes de contadores, tanto de agua como de combustible (gas, diésel, etc.) deben aportar una gráfica con la curva de errores de medida, que recoja las posibles desviaciones en la lectura de los caudales. En la siguiente imagen podemos encontrar un ejemplo de curva de errores en un contador de agua.

En la gráfica se muestra el porcentaje de error en la medida en función del caudal de agua que pasa por el contador. Así, se tiene que para un caudal de 100 l/h, la medida tomada por el contador podrá presentar una diferencia con el valor real del 1 %

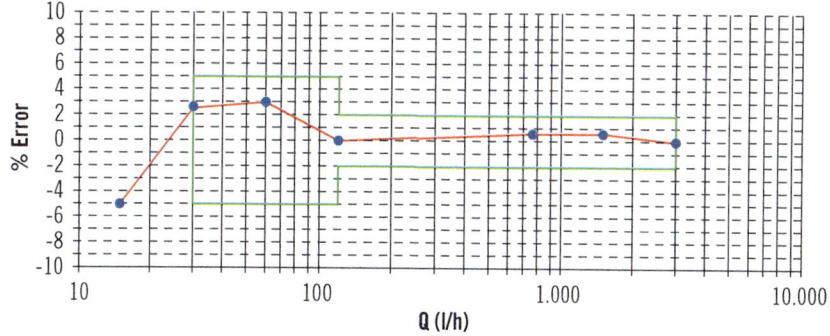

Actividades

2. ¿Por qué cree que la instalación de un contador de combustible líquido debe montar un filtro antes del contador y en el caso de un contador de agua no es necesario?

2.4. Contadores eléctricos

Los **contadores eléctricos** miden el flujo de corriente circulante por uno o varios cables. Existen dos clases de contadores eléctricos, los de tipo electro-mecánico y los estáticos. Además, según el tipo de corriente, podemos encontrar contadores monofásicos o trifásicos.

También existen contadores bidireccionales que permiten medir la corriente en ambos sentidos (consumo y generación), se emplean para la medición eléctrica en instalaciones solares generadoras de electricidad (instalaciones fotovoltaicas).

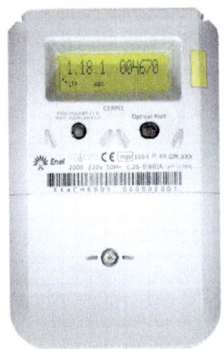

*Contador electrónico
bidireccional*

Los contadores eléctricos deben mostrar las siguientes indicaciones:

- Etiqueta identificadora del fabricante, número de serie y año de fabricación.
- Modelo y aprobación del mismo.
- Número de elementos y disposición de los contadores del sistema de medida.
- Tensión, frecuencia y temperatura de referencia.
- Intensidad máxima y de trabajo.
- Indicador doble aislamiento.

 Actividades

1. Localice el contador eléctrico de su vivienda, identifique todas las indicaciones anteriormente estudiadas. Luego realice una lectura mensual o bimensual del consumo eléctrico y compárelo con la lectura tomada por la compañía eléctrica.

2.5. Contador de energía térmica

Los aparatos contadores de energía térmica realizan la lectura del calor aportado por un líquido en el intercambiador. Los elementos que componen un contador son:

- Caudalímetro.
- Sondas de temperatura de impulsión y retorno.
- Equipo de medida.

Además, los contadores de energía térmica pueden ser mecánicos o estáticos. En cualquier caso, el fabricante debe indicar los siguientes valores y especificaciones:

- Posición de montaje.
- Caudal máximo, mínimo y nominal.
- Presión y temperatura de trabajo máximas.
- Gráfica de pérdida de presión y curva de errores de medida.

En instalaciones solares térmicas, el caudalímetro deberá ser capaz de soportar al menos una temperatura de 120 °C, y en caso de superarse dicho valor se instalarán sistemas de medida indirectos.

Definición

Sistemas de medida indirectos
Son aquellos que emplean dispositivos y técnicas de medida que transforman los parámetros iniciales de forma proporcional para poder ser medidos.

El elemento más importante de un contador térmico es la **sonda de temperatura,** la cual debe quedar instalada en el centro de la tubería en la que se instala y en dirección opuesta al sentido de circulación del flujo térmico.

Instalación de una sonda de temperatura en función
del sentido de circulación del flujo térmico

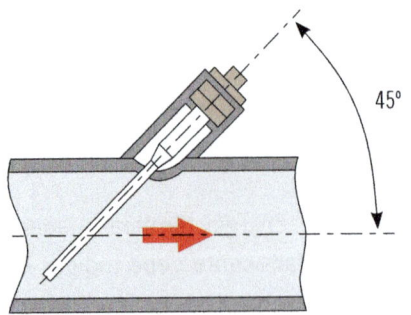

45°

Además, la sonda de temperatura debe estar correctamente aislada para mejorar la exactitud de los valores medidos.

Esquema de montaje de un sistema de medición de energía térmica

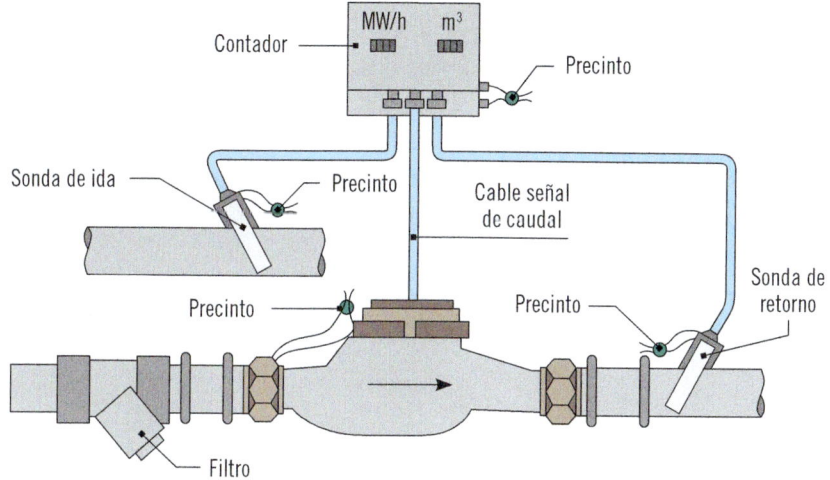

Actividades

4. ¿Qué diferencias encuentra entre un contador de combustible líquido y un contador de gas?

3. Mediciones energéticas

Para establecer la eficiencia energética de una instalación de ACS o calefacción en un edificio, los contadores deben instalarse en los puntos adecuados de la instalación, de forma que se puedan medir los siguientes parámetros:

- La cantidad de electricidad o combustible consumido.
- La cantidad de calor aportada al sistema de calefacción.

- La cantidad de calor aportada al sistema de ACS.
- La cantidad de energía solar aportada al sistema de ACS o calefacción.

Todas las mediciones energéticas se deben efectuar en periodos de un año para calcular las siguientes variables.

3.1. Cálculo de las variables

El **rendimiento estacional anual corregido** se emplea para medir la eficiencia energética de la instalación, bien sea de ACS o calefacción.

El rendimiento estacional anual corregido (REAc) es el resultado de la división del rendimiento estacional anual (REA) entre el coeficiente de emisiones (Ke).

$$REAc = \frac{REA}{Ke}$$

El **rendimiento estacional anual (REA)** es el resultado de dividir la energía térmica útil (Eu) producida durante un año entre la energía suministrada (Es) al generador térmico.

$$REA = \frac{Eu}{Es}$$

La energía se mide en kilo watios hora (kWh), y el coeficiente de emisiones (Ke) se obtiene de las siguientes tablas:

Coeficiente Ke para la energía térmica suministrada	
Energía suministrada (Térmica)	Ke Coef. emisiones
Gas natural	1,0000
Gasóleo C	1,4069
GLP	1,1991
Carbón uso doméstico	1,7010
Biomasa	0
Biocarburante	0
Solar térmica baja temperatura	0

Coeficiente Ke para la energía eléctrica suministrada	
Energía suministrada (eléctrica)	Ke Coef. emisiones
Electricidad convencional peninsular	3,1814
Electricidad convencional extra-peninsular (Baleares, Canarias, Ceuta y Melilla)	4,8088
Solar fotovoltaica	0
Electricidad convencional horas valle nocturnas, para sistemas de acumulación eléctrica peninsular	2,5343
Electricidad convencional horas valle nocturnas, para sistemas de acumulación eléctrica extra-peninsular	4,8088

Para el cálculo del **rendimiento estacional anual (REA)** es necesario determinar tanto la energía térmica útil (Eu) como la energía suministrada (Es).

La **energía térmica útil (Eu)** se corresponde con la suma de las lecturas de todos los contadores de energía térmica montados en la instalación, es decir, la suma de las medidas tomadas por los contadores de la calefacción, el ACS y la energía solar. Por lo tanto, para determinar la Eu se deben instalar contadores en la caldera del sistema de calefacción, en la caldera o generador del sistema de ACS y, en el caso de ser un sistema termosolar, también se montaría un contador en el sistema de apoyo.

La **energía suministrada (Es)** se obtiene de la suma de las mediciones efectuadas por los contadores de energía suministrada en un año. En aquellas instalaciones donde la fuente energética principal sea la electricidad, el contador eléctrico debe medir el consumo energético de las bombas de calor y los circuladores.

Ejemplo

Se tiene una instalación donde se quiere calcular el rendimiento estacional unitario corregido. De las mediciones efectuadas en la instalación se ha obtenido lo siguiente:

I Energía térmica útil, Eu = 7.200 kWh
I Energía suministrada proveniente de gasóleo C, Es = 9.000 kWh

SOLUCIÓN

Para calcular REAc, se debe calcular antes el REA que se obtiene de aplicar la ecuación:

$$REA = \frac{Eu}{Es}$$

Que sustituyendo queda:

$$REA = \frac{7.200}{9.000} = 0,8$$

Sabiendo que la energía suministrada es gasóleo C, tenemos que el coeficiente Ke = 1,4. Por tanto, tenemos un REAc:

$$REAc = \frac{0,8}{1,4} = 0,57$$

Cálculo de otros parámetros

Además de los rendimientos anuales existen otros parámetros que deben ser medidos en las instalaciones de un edificio, los más importantes son:

- **El consumo unitario de combustible (Cuc):** este parámetro se obtiene de dividir la energía del combustible consumida (Ecc) para cada instalación (calefacción o ACS) entre la superficie calefactada en m² (S) para un sistema de calefacción o el volumen m³ (V) de agua para los sistemas de ACS.

$$Cuc = \frac{Ecc}{V} = \frac{Ecc}{S}$$

- **Consumo unitario de electricidad (Cue):** se obtiene de igual manera que para el consumo unitario de combustible pero contabilizando el consumo eléctrico (Ee).

$$Cue = \frac{Ee}{V} = \frac{Ee}{S}$$

- **Eficiencia solar diaria (ESd):** parámetro resultante de dividir la energía solar útil (Esu) entre la superficie captadora (Ss) y el número de días estimados (d). La energía solar útil se refiere a la cantidad de energía solar que se aprovecha realmente, excluyendo las pérdidas existentes.

$$Esd = \frac{Esu}{Ss \times d}$$

- **Cobertura solar (CS):** se obtiene de dividir la energía solar útil (Esu) entre la energía útil aprovechada en el edificio (Eu). Generalmente se expresa en términos porcentuales, por lo que el resultado se multiplica por 100.

$$CS = \frac{Esu}{Eu} \times 100$$

 Aplicación práctica

En la empresa "InstalACS" en la que trabaja se realizan las mediciones energéticas de las instalaciones una vez que se ha terminado con el montaje. Va a proceder al cálculo del rendimiento estacional anual y el corregido de un edificio en el que se ha realizado una instalación de ACS mediante dos generadores que emplean GLP como combustible. Los datos que obtiene tras las mediciones de un generador son:

Energía suministrada por el combustible = 21.560 kWh

Energía térmica útil = 17.000 kWh

Nota: el otro generador presenta una desviación del 7 % en la energía térmica útil.

SOLUCIÓN

Para calcular REA, se debe calcular la energía producida por ambas calderas y la energía suministrada por el combustible.

La energía suministrada por el combustible será:

Es = 21.560 x 2 = 43.120 kWh

Por otra parte, la energía térmica útil de ambas calderas será:

Eu = 17.000 + 17.000 x (1 - 0,07) = 32.810 kWh

Continúa en página siguiente >>

<< Viene de página anterior

Que sustituyendo queda:

$$REA = \frac{32.810}{43.120} = 0.76$$

Para calcular el REAc, tendremos que obtener el coeficiente Ke de la tabla, que para un combustible GLP = 1,196.

Por tanto, tenemos un REAc:

$$REAc = \frac{0,76}{1,196} = 0,635$$

4. Rendimiento de generadores de calor

El rendimiento de un generador de calor se obtiene de realizar el balance energético del proceso de intercambio térmico que se produce entre el fluido captador del calor y el calor capaz de generar el combustible.

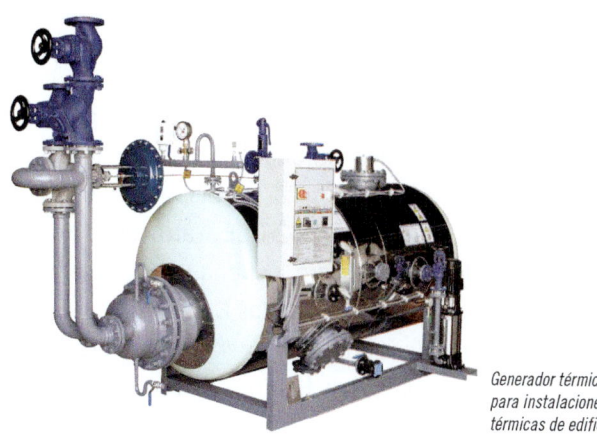

Generador térmico para instalaciones térmicas de edificios

El **rendimiento de un generador** de calor se puede calcular mediante dos métodos:

- El **método directo,** que se obtiene por la medición del calor del agua antes y después del proceso de intercambio térmico, y la determinación del poder calorífico del combustible que se ha empleado en el proceso.
- El **método indirecto,** donde el rendimiento se obtiene mediante un balance energético del proceso de combustión, así como del intercambio de calor del fluido y combustible.

En ambos casos los rendimientos obtenidos se refieren al poder calorífico inferior del combustible, con lo que las calderas de condensación capaces de aprovechar el calor latente del humo de la combustión presentarán rendimientos superiores al 100 %.

Recuerde

El poder calorífico inferior es el proceso de combustión donde el calor que absorbe el agua para su condensación no es aprovechado.

4.1. Cálculo del rendimiento: método directo e indirecto

Los métodos de cálculo del rendimiento vienen recogidos por el Instituto para la Diversificación y Ahorro de la Energía (IDAE) en su guía técnica: "Procedimiento de inspección periódica de eficiencia energética para calderas", que ha sido elaborado teniendo en cuenta las disposiciones marcadas en la Comunidad Europea en su Directiva 92/42/CEE, ratificadas en España por el Real Decreto 275/1995, de 24 de febrero, por el que se dicta las disposiciones de aplicación de la Directiva del Consejo de las Comunidades Europeas 92/42/CEE, relativa a los requisitos de rendimiento para las calderas nuevas de agua caliente alimentadas con combustibles líquidos o gaseosos, modificada por la Directiva 93/68/CEE del Consejo.

Método de cálculo directo

El **método de cálculo directo** permite medir el caudal de agua que entra en la caldera, así como su temperatura de entrada y salida, y se obtiene al aplicar la siguiente ecuación:

$$\mu = \frac{\dot{m} \cdot Cp \cdot \Delta T}{F \cdot PCI}$$

Donde:

μ = Rendimiento (%).

$\dot{m}$ = Caudal de agua en la caldera (kg/s).

Cp = Calor específico del agua (kJ/kg ºC).

ΔT = Ts – Te (ºC).

Ts = Temperatura del agua a la salida de la caldera (ºC).

Te = Temperatura del agua a la entrada de la caldera (ºC).

F = Consumo de combustible (kg/h).

PCI = Poder calorífico inferior del combustible (kJ/kg).

Método de cálculo indirecto

Con el **método indirecto** se determina el rendimiento mediante el análisis de las pérdidas producidas tanto en la caldera como en los gases de combustión.

Por tanto, las pérdidas que se calculan en el cálculo del método indirecto son:

1. Pérdidas producidas en el cuerpo de la caldera.
2. Pérdidas térmicas de los humos de la combustión.
3. Pérdidas por elementos inquemados durante el proceso de combustión.

A continuación se van a analizar y desarrollar los términos referente a las pérdidas en la caldera y en el proceso de combustión.

Pérdidas producidas en el cuerpo de la caldera

Los mecanismos térmicos que actúan en las pérdidas a través de la caldera son conducción, convección y radiación; sin embargo, el fenómeno de la conducción térmica no se va a tener en cuenta para el cálculo, ya que únicamente se produce en los soportes del generador o caldera y representa una superficie despreciable en comparación con el cuerpo de la misma.

Los fenómenos de convección y radiación son los más influyentes a la hora de cuantificar las pérdidas térmicas en un generador debido a la gran superficie que conforma la envolvente de la caldera. Los factores que influyen en una mayor o menor influencia de los mecanismos de transmisión térmica por convección y radiación en una caldera son:

■ La temperatura media del fluido de la caldera.
■ La velocidad y temperatura del aire que circula en la habitación de la caldera.
■ El grado de aislamiento y la temperatura de los cerramientos del cuarto de calderas.
■ El grado de aislamiento de la envolvente de la caldera.

La obtención de los valores de las pérdidas se realiza de forma experimental, efectuando medidas directas en la habitación y la caldera. A continuación se recogen en una tabla los valores estándares de estas pérdidas:

Calderas de alta temperatura	Entre 0,5 – 2 %
Calderas de baja temperatura	Entre 1,5 – 5 %

Nota

Cuanto mayor es la potencia de la caldera menores son las pérdidas que esta presenta por radiación y convección.

Pérdidas térmicas de los humos de la combustión

Los factores que influyen en una mayor o menor pérdida térmica por humos de combustión son:

- Salto térmico entre la temperatura del aire de entrada y la temperatura de salida de los humos.
- El calor específico del humo.
- El grado de exceso de aire en la combustión.

El cálculo de estas pérdidas se realiza a través de las ecuaciones que se muestran a continuación y están dentro de un rango de entre el 6 y el 10 %:

$$Ph = \frac{\dot{m} \cdot Cpm \cdot \Delta T}{F \cdot PCI} \quad o \quad Ph = \frac{\dot{V} \cdot Cpv \cdot \Delta T}{F \cdot PCI}$$

Donde:

P_h = Pérdidas en humos (%).
$\dot{m}$ = Caudal másico de los humos (kg/s).
$\dot{V}$ = Volumen másico de los humos (m³/s).
C_{pm} = Calor específico de los humos (kJ/kg °C).
C_{pv} = Calor específico de los humos (kJ/m³ °C).
ΔT = Th – Ta (°C).
T_h = Temperatura de los humos a la salida de la caldera (°C).

Ta = Temperatura del aire de ambiente en la sala de calderas (°C).

F = Consumo de combustible (kg/h).

PCI = Poder calorífico inferior del combustible (kJ/kg).

Pérdidas por elementos inquemados

Grandes cantidades de monóxido de carbono (CO) en los gases de escape (>0,5 %) indican que se ha producido una combustión errónea, dando lugar a pérdidas térmicas por productos inquemados.

Las pérdidas por inquemados se calculan mediante la expresión:

$$Pi = \frac{PC_{CO}}{PCI} \cdot CO$$

Donde:

CO: contenido de monóxido de carbono, en %.

PC_{CO}: poder calorífico del monóxido de carbono.

PCI: poder calorífico del combustible.

Nota: los valores de PC_{CO} y PCI deben estar en las mismas unidades.

Finalmente, para poder obtener el rendimiento del generador de calor por el método indirecto se debe aplicar la expresión:

$$\eta = 100 - (P_{rad+conv} + Ph + Pi)$$

Donde generalmente se desprecian las pérdidas por radiación y convección de la envolvente de la caldera por la complejidad de realizar su estudio y medición, quedando la expresión final:

$$\eta = 100 - (Ph + Pi)$$

Aplicación práctica

Siguiendo con la instalación anterior, va a calcular el rendimiento de una de las calderas. Para ello, dispone de los siguientes datos:

- Volumen másico de los humos $= 0,3$ m^3/s.
- Calor específico de los humos $= 1,697$ kJ/ m^3 °C.
- Temperatura de salida de los humos $= 225$ °C.
- Temperatura de entrada del aire $= 25$ °C.
- Consumo de combustible $= 5$kg/h.
- PCI $= 43.000$ kJ/kg.
- Pérdidas por inquemados $= 0,25$ %.

Nota: desprecia el calor de radiación y convección desprendido por la caldera.

SOLUCIÓN

Para el cálculo del rendimiento de la caldera por el método indirecto es necesario aplicar la ecuación:

$$\eta = 100 - (P_{rad+conv} + Ph + Pi)$$

Continúa en página siguiente >>

<< Viene de página anterior

Como podemos despreciar los valores de radiación y convección, el rendimiento se obtendría de la expresión:

$$\eta = 100 - (Ph + Pi)$$

Conocemos Pi = 0,25 %, así que solo nos queda calcular Ph mediante la expresión:

$$P_h = \frac{\dot{V} \cdot C_{pv} \cdot \Delta T}{F \cdot PCI}$$

Sustituyendo los datos, se obtiene:

$$P_h = \frac{0,3 \cdot 1,697 \cdot (225 - 25)}{5 \cdot 43.000} = 0,0005 \ \%$$

Por tanto, el rendimiento de la caldera queda:

$$\mu = 100 - (0,0005 + 0,25) = 99,75 \ \%$$

4.2. Condiciones de toma de medidas

Según la Guía técnica del IDAE, para que los valores de las mediciones sean correctos a la hora de realizar las mediciones y lecturas de los aparatos, la instalación debe reunir las siguientes condiciones:

1. La lectura de las medidas se realizará a los 5 minutos de funcionamiento de la caldera.

2. El estudio de los gases de escape de la caldera se ha de llevar a cabo con esta funcionando a plena potencia durante el proceso de medición.

3. En instalaciones mixtas donde la caldera alimente tanto al circuito de ACS como al de calefacción, la lecturas de las medidas se llevará a cabo funcionando a máxima potencia en el que requiera una mayor demanda energética (generalmente el circuito de ACS).

4. Las puertas y ventanas del cuarto de máquinas deberán estar cerradas, simulando las condiciones de funcionamiento normales.

5. A la hora de realizar las mediciones, la temperatura del agua de salida de la caldera deberá ser como mucho 10 °C inferior a la máxima del sistema.

6. El estudio de los gases de escape en calderas con quemadores atmosféricos y tiro natural, se debe realizar en el conductor vertical de evacuación a unos 15 cm del conducto de salida de la caldera.

7. La medida de los gases de escape en calderas estancas y tiro forzado se llevará a cabo en el orificio que el fabricante ha destinado a tal fin.

8. En las calderas de combustibles sólidos o con quemadores mecánicos, la medida de los gases se efectuará a una distancia de entre 0,5 y 1 m después de la caja de humos de la caldera.

9. Las calderas ubicadas en cocinas que cuenten con campanas extractoras, durante las mediciones deberán tener estas en funcionamiento.

10. Durante las mediciones térmicas, la sonda debe permanecer al menos 2 minutos en la posición de medida hasta que los valores se estabilicen.

11. Si la caldera o generador cuenta con recuperador de calor, las mediciones se llevarán a cabo en un punto posterior a este.

4.3. Valores admisibles

En el estudio del rendimiento y eficiencia energética de las instalaciones térmicas, es imprescindible conocer los valores admisibles de los niveles de emisión de gases CO y CO_2 desprendidos por los generadores.

En el caso de generadores que empleen gases como combustible, los valores admisibles de CO y CO_2 son:

	Potencia nominal útil (kW)		
	Pu < 35	35 < Pu < 70	Pu >70
Gas natural, CO_2 (%)	> 4,5	> 5,5	> 8
Gas propano, CO_2 (%)	> 6	> 6,5	> 9
CO máximo (p.p.m)	500	500	500

p.p.m. = partes por millón.
Pu = potencia necesaria.

En el caso de generadores que emplean combustibles líquidos, los valores admisibles de CO y CO_2 son:

	Potencia nominal útil (kW)		
	Pu < 35	35 < Pu < 70	Pu >70
CO_2 (%)	10 - 12	10 - 12	10 – 12,5
Inquemados (% pérdidas sobre combustible quemado)	0,7	0,7	0,7

En el caso de generadores que emplean combustibles sólidos, los valores admisibles de CO y CO_2 son:

	Potencia nominal útil (kW)		
	Pu < 35	35 < Pu < 70	Pu >70
CO_2 (%)		11 - 15	
Inquemados (% pérdidas sobre combustible quemado)		1,3	

El valor máximo del monóxido de carbono no podrá superar nunca el 8 %, en caso contrario se procedería a la limpieza de la caldera y ajuste de los quemadores con el fin de reducir el porcentaje de CO en los gases de escape.

Actividades

5. Según su opinión, ¿qué importancia tiene establecer los valores de los gases de escape para el rendimiento de un generador de calor?

5. Rendimiento y eficiencia energética de bombas

Las instalaciones hidráulicas presentan pérdidas de presión debido a los obstáculos, cambios de secciones, cambios de nivel, interposición de elementos, etc., que hacen que la potencia de la bomba necesaria para mover el circuito sea mucho mayor de la potencia teórica.

Definición

Potencia teórica
La potencia que debería presentar la bomba si nos ceñimos únicamente a los cálculos mecánicos, sin contar las pérdidas.

Por otra parte, la eficiencia de una bomba es un parámetro muy influyente a la hora de valorar la eficiencia total de una instalación.

El rendimiento de una bomba siempre será inferior al 100 % y se calcula realizando el cociente entre la **potencia necesaria (Pu)** para hacer circular el fluido a cierta presión y la **potencia consumida (Pabs)** por la bomba:

$$\mu = \frac{Pu}{Pabs} \; x \; 100$$

La **eficiencia de una bomba** se obtiene multiplicando la eficiencia volumétrica de la bomba por la eficiencia hidromecánica de la misma:

- **Eficiencia volumétrica:** es la proporción de fluido que realmente es capaz de bombear respecto de la capacidad máxima posible.
- **Eficiencia hidromecánica:** es la relación existente entre la energía que se invierte en mover un fluido y las pérdidas en forma de resistencia por fricción que este ofrece para ser movido.

Estos valores se obtienen experimentalmente; no obstante, en una instalación hidráulica se pueden realizar ciertas **acciones para mejorar la eficiencia de la bomba** con respecto al funcionamiento global de la instalación, algunas de estas acciones son:

- Emplear **variadores de velocidad y frecuencia** que permitan ajustar la potencia de la bomba a la demanda requerida.
- Establecer **sensores de presión** en varios puntos del circuito, de forma que la bomba adapte a la presión necesaria del sistema, evitando situaciones de sobrepresión.
- Instalar un **grupo de bombeo** con un rango de funcionamiento más eficiente que una única bomba. Una bomba trabaja de forma más eficiente a regímenes de potencia máximas, por tanto si se prevé un funcionamiento considerable en regímenes intermedios debe considerarse establecer un grupo de bombeo de igual potencia compuesto por dos o más bombas.

 Nota

Para el estudio del rendimiento de un grupo de bombeo, se procederá calculando el rendimiento de cada bomba y realizando posteriormente la media de los valores obtenidos.

Actividades

6. ¿Considera que es importante aislar térmicamente la bomba de circulación en las instalaciones de calefacción?

Aplicación práctica

Ha diseñado el circuito hidráulico de una instalación de calefacción mediante sistemas solares para un edificio de viviendas. Debido a las enormes dificultades que presenta el proyecto, un compañero de trabajo le ha pedido que establezca los rendimientos de todas las bombas y circuladores del circuito, así como el rendimiento total del sistema de bombeo.

Los datos son los siguientes:

I **Bomba 1: Pu = 125 W, Pabs = 175 W, capacidad de trabajo al 93 %.**
I **Bomba 2: Pu = 75 W, Pabs = 110 W, capacidad de trabajo del 100 %.**

SOLUCIÓN

El rendimiento de una bomba se obtiene aplicando la expresión:

$$\mu = \frac{Pu}{Pabs} \; x \; 100$$

Sustituyendo, se tiene:

$$\mu_{Bomba1} = \frac{125W}{175W} \; x \; 100 = 71 \; \%$$
$$\mu_{Bomba2} = \frac{75W}{110W} \; x \; 100 = 68 \; \%$$

Continúa en página siguiente >>

<< Viene de página anterior

Como la capacidad de trabajo de la bomba 1 es del 93 %, nos queda que el rendimiento de la bomba es de:

$$\mu_{Bomba1} = 71\ \% \ x \ 0,93 = 66\ \%$$

Como ambas bombas tienen un rendimiento muy parecido, el rendimiento total del sistema de bombeo estará cercano a los valores obtenidos, realizando la media se obtiene:

$$\mu = \frac{66\ \% + 68\ \%}{2} = 67\ \%$$

6. Rendimiento y eficiencia energética unidades terminales

El rendimiento de las unidades terminales como radiadores o emisores térmicos oscila entre el 85 y el 97 % (según material constructivo y tecnología, radiadores de aluminio pueden presentar rendimientos de hasta el 97 %, mientras que los de acero o fundición presentan rendimientos algo más bajos). Estos valores son aportados por el fabricante en la ficha técnica de los dispositivos. No obstante, se pueden llevar a cabo una serie de acciones que mejoren el rendimiento de una instalación y aumente la eficiencia de los equipos terminales. Algunas de estas acciones son:

- **Disponer la unidad terminal** bajo una ventana de forma que el salto térmico favorezca la circulación e intercambio térmico del aire por el interior de la estancia. Gracias a esta acción se consigue:

  - Aumentar la temperatura del interior de la estancia entre 0,5 – 0,7 °C con el mismo consumo energético.

■ Mejorar en torno a un 5 % la eficiencia del intercambio térmico.

■ Una distribución uniforme del calor por toda la estancia (ver imagen).

■ Montar **válvulas termostáticas** en los equipos terminales para controlar la temperatura de cada estancia de manera individualizada. Con esta acción se obtiene una mejora de la eficiencia global de la instalación de hasta un 12 %.

Distribución térmica del calor de una habitación con un emisor bajo la ventana

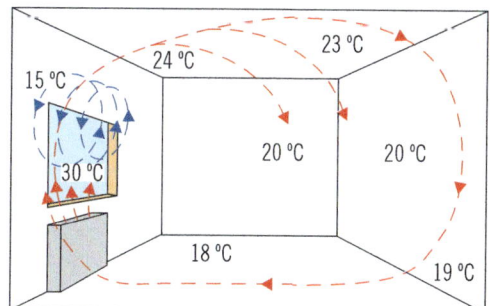

El aire caliente a la salida del emisor en contacto con la masa de aire fría de la ventana genera un rápido intercambio térmico que mejora la circulación del aire a lo largo de la estancia.

 Actividades

7. De todas las alternativas estudiadas a lo largo del capítulo para mejorar la eficiencia de las instalaciones térmicas, ¿cuál considera más sencilla, económica y con mejor efectividad?

7. Registro de consumos

Las labores de mantenimiento exigen realizar continuos registros energéticos de la caldera o generador. En una instalación térmica se debe efectuar los registros de consumos energéticos del generador de calor, los registros de consumos individuales y los de agua de llenado de los circuitos cerrados.

Los datos que deben registrarse en un generador de calor son:

- La cantidad de combustible consumido por el generador.
- La cantidad de energía consumida por el sistema auxiliar de apoyo.
- La cantidad de energía útil producida por el generador diferenciando entre el sistema de ACS y el sistema de calefacción.
- En el caso de emplear sistemas captadores solares, se debe registrar la energía solar aportada al sistema térmico.

Ejemplo de registro energético de un generador térmico

Fecha lectura		17-12-23	17-01-24	17-02-24	17-03-24	17-04-24	17-05-24
PCS gas natural	KWh/m³	10,695	10,798	10,821			
PCI gas natural	KWh/m³	9,635	9,728	9,749			
Lectura de contadores							
Gas natural	m³	36.055,62	43.521,36	52.616,52			
Electricidad	KWh	8,18	9,69	11,24			
Calor calefacción calderas	KWh	328,60	396,30	477,70			
Calor ACS calderas	KWh	30,13	37,40	47,40			
Calor calefacción solar	KWh	29,85	32,69	37,18			
Calor ACS solar	KWh	110,10	117,20	127,60			
Agua caliente sanitaria	m³	2.405,15	2.658,20	3.032,90			
Consumos							
Es - Energía suministrada Gas natural (ke - 1)	m³	6.828,97	7.465,74	9.095,16			
	KWh	65,80	72,63	88,67			
Electricidad (ke - 3,1814)	KWh	1,41	1,51	1,55			
∑(Es x Ke)	KWh	70,29	77,43	93,6			
Eu - Energía térmica útil Calor calefacción calderas	KWh	61,40	67,70	81,40			
Calor ACS calderas	KWh	6,63	7,27	10,00			
Calor calefacción solar	KWh	1,42	2,70	4,27			
Calor ACS solar	KWh	3,80	6,75	9,88			
Eu	KWh	73,25	84,41	105,55			
Va - volumen agua consumida ACS Va	m³	194,59	253,05	374,70			

En aquellos edificios de propiedad colectiva, se debe registrar el consumo particular de cada usuario. El registro deberá incluir los siguientes consumos:

- Consumo energético de la calefacción de cada usuario.
- Cantidad de ACS que consume cada usuario.

En este caso, los registros se realizarán mensualmente, indicando el consumo energético total del edificio y de cada particular individualmente.

Las instalaciones térmicas que dispongan de circuitos cerrados (caso del circuito primario de un colector solar) deben ser llenados o repuestos cada cierto tiempo; la cantidad de fluido o agua que se introduzca en cada circuito debe ser convenientemente registrada. A continuación podemos observar una tabla ejemplo, que registra el consumo de agua de los distintos circuitos y el motivo del llenado.

Fecha	Lectura (m³)	Consumo (m³)	Observaciones
12/01/2024	34,65		
14/02/2024	34,68	0,03	
14/03/2024	34,69	0,01	
13/04/2024	35,25	0,056	Avería en el circuito 3
12/05/2024	35,25	0,00	
14/06/2024	35,25	0,00	
13/07/2024	35,25	0,01	
12/08/2024	35,26	0,02	
13/09/2024	35,28	0,74	Vaciado y llenado de 4 viviendas
14/10/2024	36,08	0,01	

Ejemplo de un registro de llenado del circuito hidráulico de una instalación térmica. Las incidencias serán anotadas en el cuadro de observaciones.

Actividades

8. Realice una tabla de registros de consumos para las instalaciones térmicas de su edificio o vivienda. Incluya en el cuadro el consumo de agua del edificio y el consumo de combustible para calefacción y ACS o, en caso de usar colectores solares, el consumo de ACS.

8. Resumen

En el estudio del rendimiento y eficiencia energética de los elementos de las instalaciones térmicas, los aparatos de medidas son los instrumentos que nos permiten evaluar el grado de desviación que presenta una instalación, por ello resulta primordial ubicar y leer adecuadamente dichos dispositivos.

Las mediciones energéticas y los consumos deben ser convenientemente anotados y registrados, así como las posibles incidencias que se han producido, con el objeto de llevar un control de las mediciones y poder realizar los cálculos de eficiencia y rendimiento de las instalaciones. Además, gracias a esta acción, el equipo de mantenimiento puede descubrir anomalías en el funcionamiento de los equipos y dispositivos, con el fin de corregirlas y evitar males mayores.

Conocer los métodos de cálculo del rendimiento de un generador de calor, así como las condiciones que se han de cumplir a la hora de realizar la medición de los valores necesarios, permite al técnico encargado de la instalación evaluar el grado de cumplimento de la eficiencia energética, comparando los resultados con los valores admisibles en cada caso.

Finalmente, conocer algunas pautas para la mejora del rendimiento tanto de las bombas como de las unidades terminales permitirá mejorar la eficiencia no solo de dichos equipos, sino de la instalación completa.

Ejercicios de repaso y autoevaluación

1. ¿En qué casos se deben instalar contadores en una instalación térmica además del contador de entrada de agua fría de la red?

_____

_____

2. Complete la tabla para los contadores de agua.

Contador	Temperatura mín.	Temperatura máx.
Agua fría		
Agua caliente		

3. ¿Qué tipo de contador representa el siguiente esquema? Complételo.

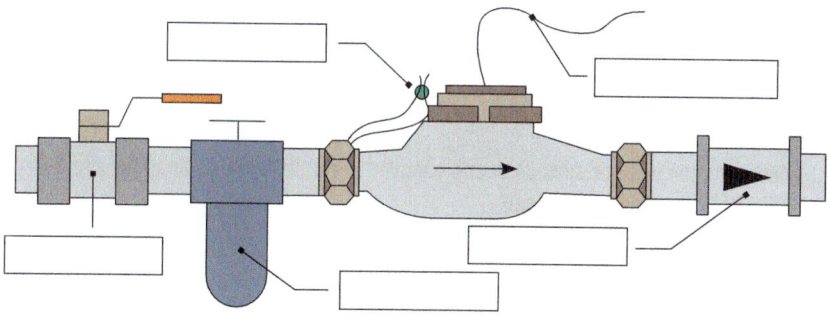

4. Enuncie la ecuación del método directo para medir el rendimiento a través del caudal de agua que entra en la caldera, así como su temperatura de entrada y salida.

5. ¿Qué dispositivo monta un contador de energía térmica para realizar la lectura?

    a. Un caudalímetro.
    b. Una sonda de temperatura en el circuito de impulsión y otra en el de retorno.
    c. Un equipo de medida.
    d. Todas las opciones son correctas.

6. ¿Qué parámetros se deben medir para establecer la eficiencia energética en una instalación de ACS o calefacción?

_____

_____

7. Complete.

_____: es el resultado de dividir la energía térmica útil (Eu) producida durante un año entre la energía suministrada (Es) al generador térmico.

8. ¿Qué significan las siglas CS y cómo se obtiene?

_____

_____

9. ¿Mediante qué dos métodos se puede calcular el rendimiento de un generador? Explique brevemente cada método.

_____

_____

_____

_____

_____

_____

_____

10. ¿Es posible obtener rendimientos superiores al 100 % en calderas?

    a. No, nunca.

    b. Sí, en todas.

    c. Sí, en calderas de condensación con aprovechamiento del calor latente del aire de entrada.

    d. Sí, en calderas de condensación con aprovechamiento del calor latente del humo de salida.

11. Complete la oración.

El _____ es el proceso de combustión donde el calor que absorbe el agua para su condensación no es aprovechado.

    a. poder calorífico superior

    b. poder calorífico inferior

    c. poder calorífico medio

    d. poder calorífico registrado

12. Complete la siguiente tabla de los valores estándares de pérdidas experimentales en el cuerpo de las calderas.

Calderas de alta temperatura
Calderas de baja temperatura

13. Nombre, al menos, cinco condiciones que debe reunir la instalación térmica para la toma de medida de forma correcta.

14. Complete la siguiente tabla de valores admisibles de emisión de gases CO y CO_2 para generadores que emplean gases como combustibles.

	Potencia nominal útil (kW)		
	Pu < 35	35 < Pu < 70	Pu >70
Gas natural, CO_2 (%)			
Gas propano, CO_2 (%)			
CO máximo (p.p.m)			

15. El rendimiento de una bomba siempre será:

    a. Inferior al 100 %.
    b. Superior al 100 %.
    c. Igual al 100 %.
    d. Superior al 50 %.

Bibliografía

Monografías

❚ BALBOA Batlle, Joan: *Mantenimiento de calefacción.* Barcelona: CEYSA, 2004.

❚ CARNICER Royo, Enrique y MAINAR Hasta, Concepción: *Instalaciones hidrosanitarias.* Madrid: Paraninfo, 2003.

❚ GARCÍA San José, Ricardo: *Combustión y combustibles.* 2001.

❚ MÁRQUEZ Martínez, Manuel: *Combustión y quemadores.* Marcombo, 2005.

❚ LÓPEZ Cañero, J.: *Fontanería y calefacción básica.* Madrid: Paraninfo 2016.

❚ MOLA Morales, F.J.: *Instalación y puesta en marcha de aparatos de calefacción y climatización de uso doméstico.* Antequera: IC Editorial, 2023.

Legislación

❚ Directiva 2010/31/CE del Parlamento Europeo y del Consejo, de 19 de mayo de 2010, relativa a la eficiencia energética de los edificios.

❚ Directiva 2012/27/UE del Parlamento Europeo y del Consejo, de 25 de octubre de 2012, relativa a la eficiencia energética, por la que se modifican las Directivas 2009/125/CE y 2010/30/UE, y por la que se derogan las Directivas 2004/8/CE y 2006/32/CE Texto pertinente a efectos del EEE.

I Orden PCM/466/2022, de 25 de mayo, por la que se aprueba el plan de medidas de ahorro y eficiencia energética de la Administración General del Estado y las entidades del sector público institucional estatal.

I Real Decreto 390/2021, de 1 de junio, por el que se aprueba el procedimiento básico para la certificación de la eficiencia energética de los edificios.

I Norma UNE-EN 817:2009 donde se recogen las especificaciones relativas a Grifería sanitaria. Mezcladores mecánicos (PN 10). Especificaciones técnicas generales.

Textos electrónicos, bases de datos y programas informáticos

I Gregorio Bermúdez. Asignatura: Generación de potencia. Guía de combustión y combustible, de: <https://es.slideshare.net/slideshow/guia-nueva-de-combustion-y-combustible/3950825>.

I Guía Técnica Instituto para la Diversificación y Ahorro de la Energía (IDAE). Agua caliente sanitaria central. 2010, de: <https://www.idae.es/uploads/documentos/documentos_08_Guia_tecnica_agua_caliente_sanitaria_central_906c75b2.pdf>.

I Guía Técnica Instituto para la Diversificación y Ahorro de la Energía (IDAE). Contabilización de consumos. 2007, de: <https://www.idae.es/sites/default/files/documentos/publicaciones_idae/10540_contabilizacion_consumos_a2007.pdf>.

I Guía Técnica Instituto para la Diversificación y Ahorro de la Energía (IDAE). Diseño y cálculo del aislamiento térmico de conducciones, aparatos y equipos. 2007, de: <https://www.idae.es/sites/default/files/documentos/publicaciones_idae/10540_contabilizacion_consumos_a2007.pdf>.

I Guía Técnica Instituto para la Diversificación y Ahorro de la Energía (IDAE). Guía práctica de la energía para la rehabilitación de edificios. 2008, de: <https://www.idae.es/uploads/documentos/documentos_10501_Guia_practica_rehabilitacion_edificios_aislamiento_5266ec2a.pdf>.

❙ Guía Técnica Instituto para la Diversificación y Ahorro de la Energía (IDAE). Instalaciones de calefacción individual. 2008, de: <https://www.idae.es/sites/default/files/documentos/publicaciones_idae/documentos_16_Climatizacion_Guia_Tecnica_Instalaciones_Calefaccion_Individual__f1cefbe6.pdf >.

❙ Guía Técnica Instituto para la Diversificación y Ahorro de la Energía (IDAE). Procedimiento de inspección periódica de eficiencia energética para calderas. 2007, de: <https://www.idae.es/sites/default/files/documentos/publicaciones_idae/10540_procedimientos_inspeccion_calderas_a2007.pdf>.

❙ Manuel Roca Suárez y Juan Carratalá Fuentes. Departamento de construcción arquitectónica. Escuela Técnica Superior de Arquitectura Las Palmas de Gran Canaria. Instalaciones convencionales de Agua caliente. 2013, de: <https://www.caloryfrio.com/phocadownload/ponencias/temaVI_fontaneria.pdf>

❙ STANDARD HIDRÁULICA: Manual técnico. Sistema competo de calefacción por suelo radiante, de: <https://d7rh5s3nxmpy4.cloudfront.net/CMP5654/files/MANUAL_SUELO_RADIANTE_2022_%285%29.pdf>.

❙ TESTO: Guía práctica, Análisis de gases de la combustión industrial, de: <https://accuraxy.com/files/05Guia-ES-testo-combustion-industrial.pdf>.

❙ UPONOR. Manual técnico de climatización invisible, de: <https://www.solarcondicionado.pt/files/catalogs/Catálogo-Piso-Radiante-Uponor-2017.pdf>.

❙ WILO SE. Principios fundamentales de la tecnología de las bombas centrífugas. 2005, de: <http://www.wilo.es>.